nehcnretseeS red tätivitaleR eiD

Negative Zahlen gibt es nicht – Die Relativität der Seesternchen

Martin Erik Horn

Martin Erik Horn
Lilienthalpark
12209 Berlin
Germany

mail@martinerikhorn.de

red tätivitaleR eiD
nehcnretseeS

Negative Zahlen gibt es nicht – Die Relativität
der Seesternchen

Martin Erik Horn

© 2023 Martin Erik Horn

Herstellung und Verlag:
BoD – Books on Demand, Norderstedt

ISBN: 978-3-7578-0115-1

Inhaltsverzeichnis

.nehcam dmerf etnnakeB sad ...„
tredrofegsuareh driw nebeL meresnu ni ehcilgätllA saD
esieW dnu trA euen enie fua nennök riw dnu
".neknedhcan egniD rebü

[1] *skcaJ .M ymA & llebA .K ardnaS*
nrerheL dnu nennirerheL nov gnudlibsuA eid rebü
rehcäF rehciltfahcsnessiwrutan

tiehhcsneM ollaH   0

!nesewskcethceR ollaH !nehcsneM ollaH
eirtemoeG erenni eruE ni ,rutkurtS ehcsigoloib eruE nI
.tuabegnie tim lekniW ethcer red tsi

.gilkniwthcer rhI tenhcer blahseD
.treiniart retsuM-sknil-sthcer fua enriheG eruE dnis blahseD
.nednufre nelhaZ nevitagen eid rhI tbah blahseD

.lekniW rethcer reuE tsi saD
.gnuthciR evitisop enie ni sthcer mrA nie tgiez hcuE ieB
,gnuthciR evitagen enie ni sknil tgiez mrA etiewz red dnU

.dnis treitneiro netnu .wzb nebo hcan thcerknes hcuaB dnu slaH dnerhäw

.gnuthcirsuA-sknil-sthcer elaretalib eniek nebah negegad nehcnretseeS etnegilletnI
.treirutkurts laretalirt dnis nehcnretseeS etnegilletnI

.nesiew negnuthciR ierd ni hcsirtemmys eid ,emralekatneT ierd nebah eiS
.nlekniW-120° ni blahsed nekned nehcnretseeS etnegilletnI
.nelhaZ nevitagen eniek nednifre enriheG erhI
.kitamehtaM nevitisop-gitrewierd renie egaldnurG fua netiebra enriheG erhI

.thcin se tbig nelhaZ evitageN
.negnuthciR nehcildeihcsretnu ierd eid rüf etreW evitisop ierd run tbig sE

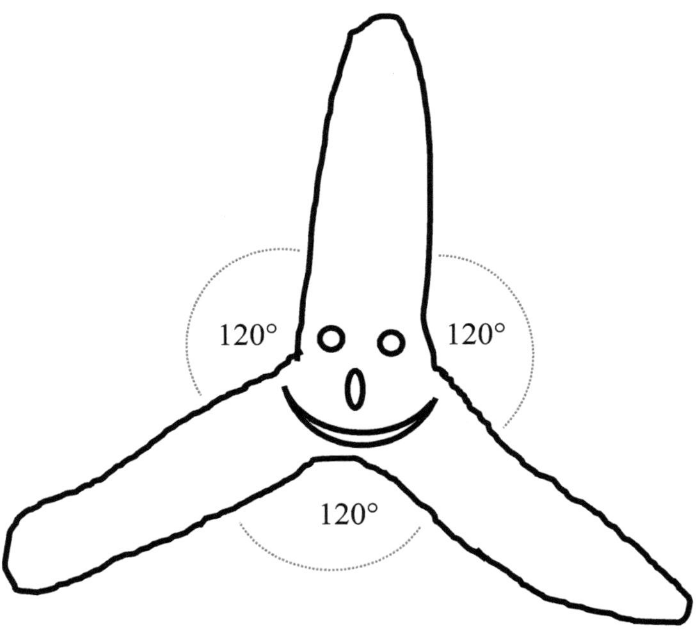

nehcnretseeS retnegilletni arbeglA ehcilmuär eiD 1
(gnulohredeiW)

.thcin se tbig nelhaZ evitageN
.nessemeg reuadtieZ evitagen enie slamej tah ,dnamein ,hcsneM nieK
.nessemeg ekcertS evitagen enie slamej tah ,dnamein ,hcsneM niek dnU
therdegmu laeniL sad run remmi nebah ellA
.nessemeg gnuthciR neredna renie ni ekcertS evitisop enie nnad dnu

.vitisop tsi ,nessem riw saw ,sellA
.thcin se tbig nelhaZ evitageN
.nezirtaM etzteseb vitisop run tbig sE

nehcnretseeS enielk nenrel eluhcS-nehcnretseeS red nI
.arbeglanezirtaM eid blahsed
egaldnurG eid tsi arbeglanezirtaM eiD
.nehcnretseeS regimraierd retnegilletni kitamehtaM red

Negative Zahlen gibt es nicht,, hcuB mi arbeglA eseid driw hcilrhüfsuA
.tlletsegrov [2] ,,thcin se tbig nelhaZ evitageN –
,nehcnretseeS red kitamehtaM red negaldnurG eid eiS nednif troD
,nedrew nelohrediw zruk run reih riw eid
:gnugärpsuasgnuthciR nedneglof red ni rawz dnu

$$\begin{pmatrix} 0 & 0 & 1 \\ 0 & 1 & 0 \\ 1 & 0 & 0 \end{pmatrix} = e_2$$

$$\begin{pmatrix} 0 & 1 & 0 \\ 1 & 0 & 0 \\ 0 & 0 & 1 \end{pmatrix} = e_3 \qquad\qquad e_1 = \begin{pmatrix} 1 & 0 & 0 \\ 0 & 0 & 1 \\ 0 & 1 & 0 \end{pmatrix}$$

arbeglA-nehcnretseeS red negnuthciR ierd eiD
.nebeirhcseb nerotkevstiehniE ierd hcrud nedrew

,nerotkeV ehcilmuär nier dnis nerotkevstiehniE ierd eseiD
,nednifrov smuaR nelanoisnemidiewz sed arbeglA enie reih riw ssad os
.enebE renie ni negeil nerotkevstiehniE ierd eid nned

.nedrew treidda dnu treizilpitlum nennök nerotkevstiehniE eseiD

.xirtamstiehniE eid tbigre – gnureirdauQ enie – tsbles hcis tim noitakilpitluM eiD
.sniE lhaZ eid treitnesärper xirtamstiehniE eseiD

$$e_1{}^2 = e_2{}^2 = e_3{}^2 = 1^2 = \begin{pmatrix} 1 & 0 & 0 \\ 0 & 1 & 0 \\ 0 & 0 & 1 \end{pmatrix} = 1$$

.1 lhazsisaB reseid ehcafleiV dnis nelhaZ neredna ellA

:leipsieB muz ,negnunhcerneziratM nnad dnis negnunhceR ellA
.nuen dnis reiv sulp fnüF

$$5 + 4 = \begin{pmatrix} 5 & 0 & 0 \\ 0 & 5 & 0 \\ 0 & 0 & 5 \end{pmatrix} + \begin{pmatrix} 4 & 0 & 0 \\ 0 & 4 & 0 \\ 0 & 0 & 4 \end{pmatrix} = \begin{pmatrix} 9 & 0 & 0 \\ 0 & 9 & 0 \\ 0 & 0 & 9 \end{pmatrix} = 9$$

.gizreivdnuiewz tsi nebeis lam shces dnU

$$6 \cdot 7 = \begin{pmatrix} 6 & 0 & 0 \\ 0 & 6 & 0 \\ 0 & 0 & 6 \end{pmatrix} \begin{pmatrix} 7 & 0 & 0 \\ 0 & 7 & 0 \\ 0 & 0 & 7 \end{pmatrix} = \begin{pmatrix} 42 & 0 & 0 \\ 0 & 42 & 0 \\ 0 & 0 & 42 \end{pmatrix} = 42$$

.nerotkevstiehniE ierd red nenoitanibmokraeniL dnis nerotkeV neredna ella dnU

:emmuslluN eid tsi noitanibmokraeniL etshcafnie eiD

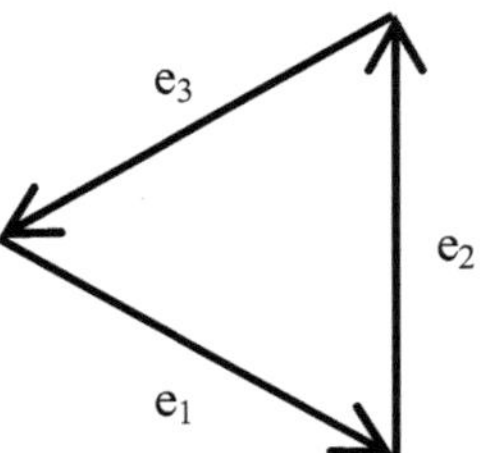

$$e_1 + e_2 + e_3 = \begin{pmatrix} 1 & 0 & 0 \\ 0 & 0 & 1 \\ 0 & 1 & 0 \end{pmatrix} + \begin{pmatrix} 0 & 0 & 1 \\ 0 & 1 & 0 \\ 1 & 0 & 0 \end{pmatrix} + \begin{pmatrix} 0 & 1 & 0 \\ 1 & 0 & 0 \\ 0 & 0 & 1 \end{pmatrix} = \begin{pmatrix} 1 & 1 & 1 \\ 1 & 1 & 1 \\ 1 & 1 & 1 \end{pmatrix} = 0$$

.nemmuslluN enedeihcsrev eleiv hcildnenu se tbig sgnidrellA
,lluN lhaZ red negnulletsraD eleiv hcildnenu hcua se tbig blahseD
:leipsieB muz

$$2\,e_1 + 2\,e_2 + 2\,e_3 = \begin{pmatrix} 2 & 0 & 0 \\ 0 & 0 & 2 \\ 0 & 2 & 0 \end{pmatrix} + \begin{pmatrix} 0 & 0 & 2 \\ 0 & 2 & 0 \\ 2 & 0 & 0 \end{pmatrix} + \begin{pmatrix} 0 & 2 & 0 \\ 2 & 0 & 0 \\ 0 & 0 & 2 \end{pmatrix} = \begin{pmatrix} 2 & 2 & 2 \\ 2 & 2 & 2 \\ 2 & 2 & 2 \end{pmatrix} = 0$$

redo

$$3\,e_1 + 3\,e_2 + 3\,e_3 = \begin{pmatrix} 3 & 0 & 0 \\ 0 & 0 & 3 \\ 0 & 3 & 0 \end{pmatrix} + \begin{pmatrix} 0 & 0 & 3 \\ 0 & 3 & 0 \\ 3 & 0 & 0 \end{pmatrix} + \begin{pmatrix} 0 & 3 & 0 \\ 3 & 0 & 0 \\ 0 & 0 & 3 \end{pmatrix} = \begin{pmatrix} 3 & 3 & 3 \\ 3 & 3 & 3 \\ 3 & 3 & 3 \end{pmatrix} = 0$$

… cte

$$\Rightarrow \quad \begin{pmatrix} 1 & 1 & 1 \\ 1 & 1 & 1 \\ 1 & 1 & 1 \end{pmatrix} = \begin{pmatrix} 2 & 2 & 2 \\ 2 & 2 & 2 \\ 2 & 2 & 2 \end{pmatrix} = \begin{pmatrix} 3 & 3 & 3 \\ 3 & 3 & 3 \\ 3 & 3 & 3 \end{pmatrix} = \ldots = \begin{pmatrix} 0 & 0 & 0 \\ 0 & 0 & 0 \\ 0 & 0 & 0 \end{pmatrix} = 0$$

,lluN lhaZ eid timad dnu xirtamlluN enie osla tsi xirtaM eniE
.dnis tzteseb lhaZ nehcielg red tim nenoitisoP ella nnew

.sthcin tsi lluN .lliuN tsi lluN
.rotkevlluN red eiw sthcin osuaneg tsi lluN lhaZ eiD

,lluN eseid driw nerotkeV nov noitatnesärperdradnatS red ni dnU
.nessaleggew remmi rotkevlluN reseid
,nednahrov netnenopmoK nevitisop ierd red iewz run remmi nnad dnis sE
.tsi lluN etnenopmoK ettird eid dnerhäw

$3\,e_1 + e_2 + 2\,e_3$ srotkeV sed noitatnesärperdradnatS eid tetual leipsieB muZ

$$3\,e_1 + e_2 + 2\,e_3 = 2\,e_1 + e_3 + \underbrace{e_1 + e_2 + e_3}_{0} = 2\,e_1 + e_3$$

edruw treirongi rotkevlluN red medhcan
.(etieS nedneglof red fua ezzikS eheis)

.nehcam nelhaZ nelamron znag tim hcua riw nennök ehcielG saD

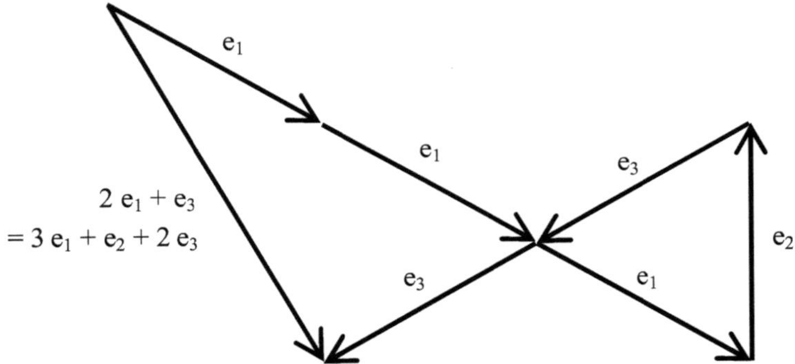

,nelhaZ elamron znag netlahre riw dnU
3 e₁ + e₂ + 2 e₃ etieS negirov red rotkevleipsieB netlletsegrad reih ned riw nnew
.nereizilpitlum – e₁ esiewsleipsieb – rotkevstiehniE menie tim

$$(3\ e_1 + e_2 + 2\ e_3)\ e_1 = 3\ e_1{}^2 + e_2\ e_1 + 2\ e_3\ e_1 = 3 + e_{21} + 2\ e_{12} = \ldots$$

netkudorP nehcsirtemoeG sua nehetseb emreT nedieb netztel eiD
.nerotkevstiehniE renedeihcsrev reiewz
.na eglofnehieR eid fua se tmmok iebad dnU

:githciw mertxe tsi nerotkaF relleirotkev eglofnehieR eiD

$$e_1\ e_2 = e_2\ e_3 = e_3\ e_1 = \begin{pmatrix} 0 & 0 & 1 \\ 1 & 0 & 0 \\ 0 & 1 & 0 \end{pmatrix} = e_{12}$$

$$e_2\ e_1 = e_3\ e_2 = e_1\ e_3 = \begin{pmatrix} 0 & 1 & 0 \\ 0 & 0 & 1 \\ 1 & 0 & 0 \end{pmatrix} = e_{21}$$

etkudorP nedieb eseid nebah muaR nehcilmuär nier ,nelanoisnemidiewz mI
.gnutuedeB ehcsirtemoeg edneguezrebü enie

,etuaR etreitneiro enie tsi e₁₂ tkejbO egitranehcälf saD
.tsi tethciregsua nnisregeizrhU med negegtne eid

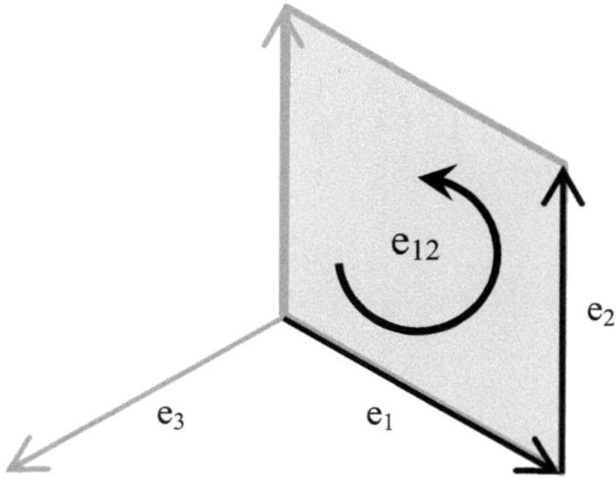

,etuaR etreitneiro tztesegnegegtne enie tsi e_{21} tkejbO egitranehcälf sad dnU
.tsi tethciregsua nnisregiezrhU mi eid

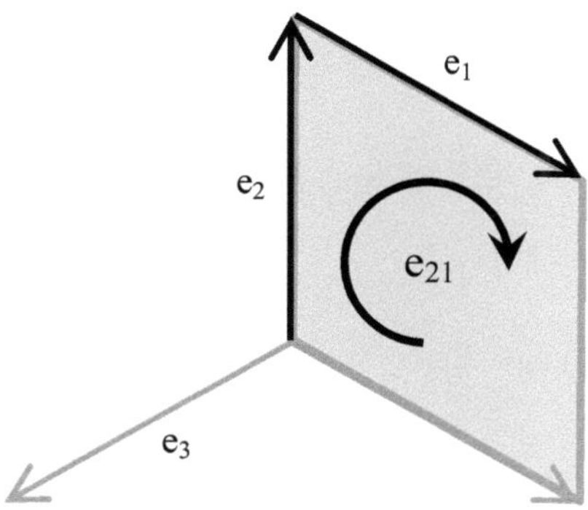

.fua rhem selleirotkeV lanoisnemidnie sthcin nesiew e_{21} dnu e_{12}
,netuaR etreitneiro ,elanoisnemidiewz dnis sE
.negart hcis ni negrobrev nelhaZ nevitagen red muiretsyM sad eid
!vitisop nelhaZ evitagen hcua dnis nehcnretseeS etnegilletni rüF

,vitisop dnis nelhaZ evitageN
e_{21} dnu e_{12} nezirtaM nevitisop nedieb red emmuS sla eis liew
.nessüm nedrew tetuedeg netuaR nevitisop nedieb red timad dnu

.emmuS reseid thcirpstne (Emm) sniE sunim ehcilhcsnem eiD

$$e_{12} + e_{21} = \begin{pmatrix} 0 & 0 & 1 \\ 1 & 0 & 0 \\ 0 & 1 & 0 \end{pmatrix} + \begin{pmatrix} 0 & 1 & 0 \\ 0 & 0 & 1 \\ 1 & 0 & 0 \end{pmatrix} = \begin{pmatrix} 0 & 1 & 1 \\ 1 & 0 & 1 \\ 1 & 1 & 0 \end{pmatrix} = Emm = (-1)$$

.thcin se tbig nelhaZ evitageN
.netuaR retreitneiro hcildeihcsretnu reiewz emmuS eid run remmi tbig sE

.[4] ,[3] eeS-cariD mieb eiw tsi saD

.dnatsuzlluN netzteseb nehclieT tim gidnätsllov mi rehcöL trod dnis nehclieT-itnA

emmusnetuaR eid tah $\begin{pmatrix} 1 & 1 & 1 \\ 1 & 1 & 1 \\ 1 & 1 & 1 \end{pmatrix} = 0$ dnatsuzlluN netztesebllov mi dnU

nenoitisoP-resniE ned na rehcöL-lluN $\begin{pmatrix} 0 & 1 & 1 \\ 1 & 0 & 1 \\ 1 & 1 & 0 \end{pmatrix} = e_{21} + e_{12}$

$\cdot \begin{pmatrix} 1 & 0 & 0 \\ 0 & 1 & 0 \\ 0 & 0 & 1 \end{pmatrix} = 1$ xirtamstiehniE red

.nelhaZ revitagen muiretsyM ehcsitsym sad tsi saD
(.[5] letitretnU neuen nenie hcua [4] hcuB sad makeb blahsed dnU)

:neztestrof gnunhceR eresnu riw nennök timaD

$$(3\, e_1 + e_2 + 2\, e_3)\, e_1 = 3\, e_1^2 + e_2\, e_1 + 2\, e_3\, e_1 = 3 + e_{21} + 2\, e_{12}$$

$$= 2 + e_{12} + \underbrace{1 + e_{12} + e_{21}}_{0} = 2 + e_{12}$$

nov noitakilpitluM red thcirpstne sinbegrE seseiD

$$(2\, e_1 + e_3)\, e_1 = 2\, e_1^2 + e_3\, e_1 = 2 + e_{12}$$

,ehcälF etreitneiro elanoisnemidiewz enie redeiw thetstne sE
,smmargolellaraP netreitneiro senie mroF ni laM seseid
.tsi tedlibegba etieS nedneglof red fua sad

smmargolellaraP seseid α lekniwnennI reD
.nedrew tmmitseb stkudorP nerenni sed efliH tim nnak

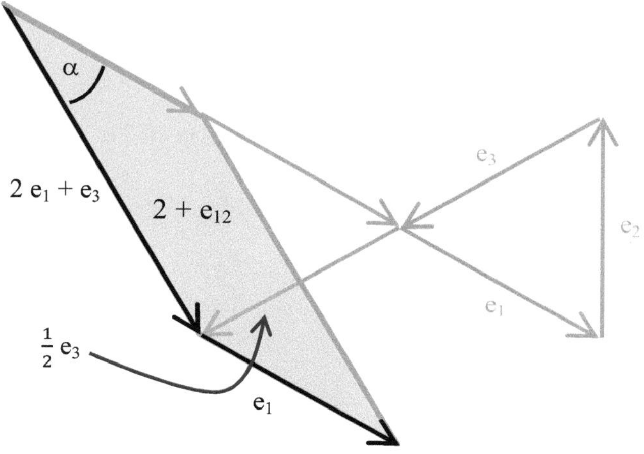

:sla treinifed tsi **b** dnu **a** nerotkeV reiewz tkudorP erenni saD

$$\mathbf{a} \bullet \mathbf{b} = \frac{1}{2} (\mathbf{a}\,\mathbf{b} + \mathbf{b}\,\mathbf{a})$$

:hcis tbigre $e_1 = \mathbf{b}$ dnu $2\,e_1 + e_3 = \mathbf{a}$ tiM

$$\mathbf{a} \bullet \mathbf{b} = (2\,e_1 + e_3) \bullet e_1 = \frac{1}{2}\left((2\,e_1 + e_3)\,e_1 + e_1\,((2\,e_1 + e_3))\right)$$

$$= \frac{1}{2}(2 + e_{12} + 2 + e_{21}) = \frac{1}{2}(3 + 1 + e_{12} + e_{21}) = \frac{1}{2}(3 + 0) = \frac{3}{2}$$

negnälrotkeV eid aD

$$a = \left|\mathbf{a}\right| = \left|2\,e_1 + e_3\right| = \sqrt{(2\,e_1 + e_3)^2} = \sqrt{3} \approx 1{,}731 \quad \text{dnu} \quad b = \left|\mathbf{b}\right| = \left|e_1\right| = 1$$

:nov α lekniwnennI nie hcis tbigre ,negarteb

$$\cos \alpha = \frac{\mathbf{a} \bullet \mathbf{b}}{|\mathbf{a}|\,|\mathbf{b}|} = \frac{1}{2}\sqrt{3} \approx 0{,}8660 \quad \Rightarrow \quad \alpha = 30°$$

smmargolellaraP seseid $\left|\mathbf{A}\right| = A$ tlahninehcälF red dnU
.nedrew tmmitseb stkudorP nereßuä sed efliH tim nnak

:sla treinifed nehcnretseeS ned ieb tsi **b** dnu **a** nerotkeV reiewz tkudorP ereßuä saD

$$\mathbf{a} \wedge \mathbf{b} = \frac{1}{2} \left(\mathbf{a}\,\mathbf{b} + (e_{12} + e_{21})\,\mathbf{b}\,\mathbf{a} \right)$$

:tbigre saD

$$\mathbf{a} \wedge \mathbf{b} = (2\,e_1 + e_3) \wedge e_1 = \frac{1}{2} \left((2\,e_1 + e_3)\,e_1 + (e_{12} + e_{21})\,e_1\,((2\,e_1 + e_3)) \right)$$

$$= \frac{1}{2} \left(2 + e_{12} + 2\,e_{12} + 1 + 2\,e_{21} + e_{12} \right)$$

$$= \frac{1}{2} \left(3 + 4\,e_{12} + 2\,e_{21} \right) = \frac{1}{2} \left(1 + 2\,e_{12} \right) = \frac{1}{2} + e_{12}$$

gnugelreZ nehcsinonak red efliH tiM

$$\mathbf{a}\,\mathbf{b} = \mathbf{a} \bullet \mathbf{b} + \mathbf{a} \wedge \mathbf{b}$$

:eborP enie tgnileg

$$\mathbf{a} \bullet \mathbf{b} + \mathbf{a} \wedge \mathbf{b} = \frac{3}{2} + \frac{1}{2} + e_{12} = 2 + e_{12} = (2\,e_1 + e_3)\,e_1 = \mathbf{a}\,\mathbf{b} \quad \Rightarrow \quad \text{o.k.}$$

nerotkeV ehcilmuär nier rüf lemrofstlahninehcälF eiD

$$A = \left| \mathbf{A} \right| = \left| \mathbf{a} \wedge \mathbf{b} \right| = \sqrt{(\mathbf{a} \wedge \mathbf{b})\,(\mathbf{b} \wedge \mathbf{a})}$$

:fua nnad trhüf

$$A = \left| \frac{1}{2} + e_{12} \right| = \sqrt{\left(\frac{1}{2} + e_{12} \right) \left(\frac{1}{2} + e_{21} \right)} = \sqrt{\frac{1}{4} + \frac{1}{2}\,e_{21} + \frac{1}{2}\,e_{12} + 1} = \frac{1}{2}\sqrt{3} \approx 0{,}8660$$

.nedrew tfürpebü eborP enie hcrud nnak sad hcuA

,rednanieuz thcerknes nehets nerotkeV iewZ
.driw lluN dnu tedniwhcsrev tkudorP serenni rhi nnew

ad ,$2\,e_1 + e_3 = \mathbf{a}$ rotkevnetieS muz thcerknes thets e_3 rotkevstiehniE reD

$$\mathbf{a} \bullet e_3 = (2\,e_1 + e_3) \bullet e_3 = \frac{1}{2} \left((2\,e_1 + e_3)\,e_3 + e_3\,((2\,e_1 + e_3)) \right)$$

$$= \frac{1}{2} \left(2\,e_{21} + 1 + 2\,e_{12} + 1 \right) = \frac{1}{2} \left(2 + 2\,e_{12} + 2\,e_{21} \right) = 0$$

$0{,}5\,e_3$ srotkevnehöH sed gnuthciR ni timos tgiez e_3
.(nebo znag etieS negirov red fua ezzikS eheis)

.nies gnal 1 tiehniesisaB eblah enie uaneg blahsed ssum ehöH eiD

:osla tsi tlahninehcälF reD

$$A = a\,h = \left| \mathbf{a} \right|\ \left| \tfrac{1}{2}\,e_3 \right| = \sqrt{3} \cdot \tfrac{1}{2} \approx 0{,}8660 \qquad \Rightarrow \qquad \text{o.k.}$$

:hcua tlig snegirbÜ

,rednanieuz lellarap negeil nerotkeV iewZ
.driw lluN dnu tedniwhcsrev tkudorP erešuä sad nnew

nehcnretseeS retnegilletni arbeglA red thgilhgiH ehcsirtemoeG saD
.nenoitatoR dnu nenoixelfeR dnis

nehcnretseeS ned ieb nedrew negnuherD dnu negnulegeipS eseiD
.treilledom etkudorP-hciwdnaS hcrud hcsitamehtam

,treitkelfer $\mathbf{n}$ srotkevstiehniE sed gnuthciR ni eshcA renie na driw $\mathbf{r}$ rotkeV reD
netreizilpitlumna gimröfhciwdnas sknil dnu sthcer nov ned nehcsiwz re medni
.driw thcsteuqegnie nerotkevstiehniE

$$\mathbf{r}_{\text{ref}} = \mathbf{n}\ \mathbf{r}\ \mathbf{n}$$

.noitatoR enie tguezre tkudorP-hciwdnaS setleppod nie dnU

$$\mathbf{r}_{\text{rot}} = \mathbf{m}\ \mathbf{r}_{\text{ref}}\ \mathbf{m} = \mathbf{m}\ \mathbf{n}\ \mathbf{r}\ \mathbf{n}\ \mathbf{m}$$

,treimrofsnart $\mathbf{r}_{\text{rot}}$ rotkeV ned ni iebad driw $\mathbf{r}$ rotkeV reD
lekniW red eiw tsi ßorg os tleppod lekniwsnoitatoR red iebow
$\mathbf{m}$ dnu $\mathbf{n}$ nov gnuthciR ni neshcasnoixelfeR nedieb ned nehcsiwz

,treitor eggalF enie driw leipsieB slA
ezzikS eheis) tsi tgitsefeb $5\,e_1 + 5\,e_3 = \mathbf{r}$ egnatsnenhaF renie na eid
.(eiteS nedneglof red fua

:tlletsegrad nenoixelfeR nedneglof nedieb eid hcrud driw noitatoR eiD

,eshcA renie na noixelfeR enie tglofre tsreuZ
.tgiez $e_1 = \mathbf{n}$ srotkevstiehniE-snoixelfeR sed gnuthciR ni eid

,eshcA renie na noixelfeR enie tglofre hcanaD
-snoixelfeR netiewz sed gnuthciR ni eid

$$.\text{tgiez} \quad \sqrt{\frac{2}{3}}\, e_1 + \frac{1+\sqrt{3}}{\sqrt{6}}\, e_2 = \frac{1}{\sqrt{6}}\,(2\, e_1 + (1+\sqrt{3})\, e_2) = \mathbf{m} \quad \text{srotkevstiehniE}$$

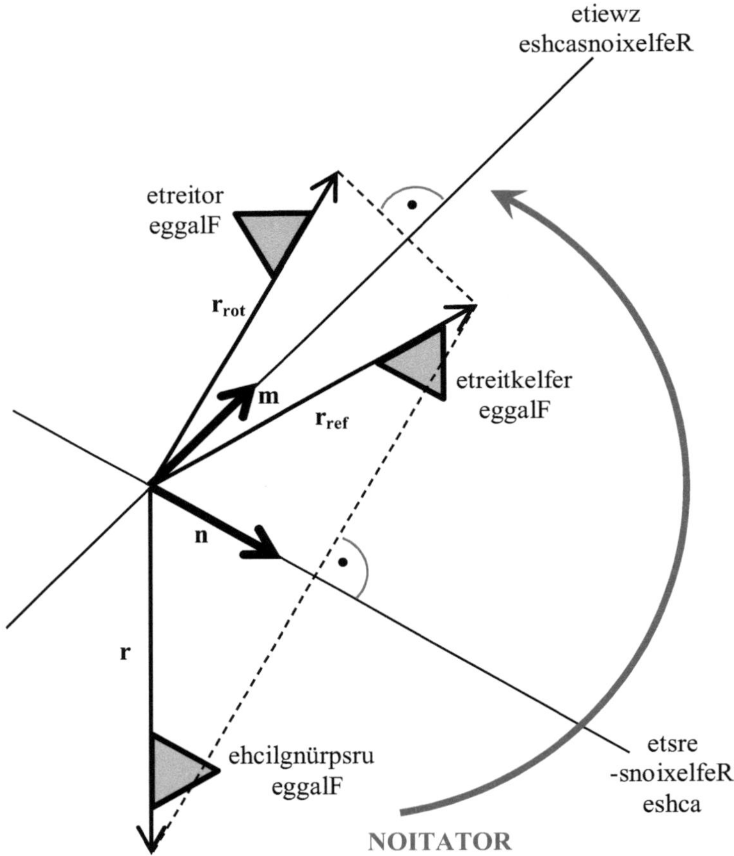

:treimrofsnart neßamredneglof nnad driw **r** egnatsnenhaF red rotkeV reD

$$\mathbf{r_{ref}} = \mathbf{n}\,\mathbf{r}\,\mathbf{n} = e_1\,(5\, e_1 + 5\, e_3)\, e_1 = 5\, e_1{}^2 e_1 + 5\, e_1 e_3 e_1 = 5\, e_1 + 5\, e_2$$

,gnuthciR evitisop enie ni osla tgiez **r_ref** egnatsnenhaF etreitkelfer eiD
:tsi tztesegnegegtne uaneg e_3 srotkevstiehniE sed gnuthciR red eid

$$\text{Emm } e_3 = (e_{12} + e_{21})\, e_3 = e_1 e_2 e_3 + e_2 e_1 e_3 = e_1 + e_2$$

,driw treitkelfer tim eggalF eid hcua noixelfeR netsre reseid ieb aD
.(gnudlibbA eheis) egnatsnenhaF red etieS neredna red fua nun hcis eis tednifeb

noixelfeR eid hcrud edruw eggalF eiD
tlegeipseg egnatsnenhaF red etieS etztesegnegegtne ,ehcslaf eid fua
noixelfeR etiewz enie hcrud ssum eis dnu
.nerhüfllov uz noitatoR enie mu nedrew tlegeipsegkcürüz etieS egithcir eid fua

:tetual noixelfeR netiewz reseid tkudorP-hciwdnaS saD

$$\mathbf{r_{rot}} = \mathbf{m}\, \mathbf{r_{ref}}\, \mathbf{m} = \frac{1}{\sqrt{6}} (2\, e_1 + (1 + \sqrt{3})\, e_2)\ (5\, e_1 + 5\, e_2)\ \frac{1}{\sqrt{6}} (2\, e_1 + (1 + \sqrt{3})\, e_2)$$

$$= \frac{5}{6} (3 + \sqrt{3} + 2\, e_{12} + e_{21} + \sqrt{3}\, e_{21})\ (2\, e_1 + (1 + \sqrt{3})\, e_2)$$

$$= \frac{5}{6} (2 + \sqrt{3} + e_{12} + \sqrt{3}\, e_{21})\ (2\, e_1 + (1 + \sqrt{3})\, e_2)$$

$$= \frac{5}{6} ((5 + 3\sqrt{3})\, e_1 + (5 + 5\sqrt{3})\, e_2 + (5 + \sqrt{3})\, e_3)$$

$$= \frac{5}{6} (2\sqrt{3}\, e_1 + 4\sqrt{3}\, e_2)\ =\ \frac{5}{3} (\sqrt{3}\, e_1 + 2\sqrt{3}\, e_2)$$

$$= \frac{5}{\sqrt{3}} (e_1 + 2\, e_2)$$

:eborptardauQ ezruK

$$\mathbf{r}^2 = (5\, e_1 + 5\, e_3)^2 = 50 + 25\, e_{12} + 25\, e_{21} = 25$$

$$\mathbf{r_{ref}}^2 = (5\, e_1 + 5\, e_2)^2 = 50 + 25\, e_{12} + 25\, e_{21} = 25$$

$$\mathbf{r_{rot}}^2 = \frac{25}{3} (e_1 + 2\, e_2)^2 = \frac{25}{3} (5 + 2\, e_{12} + 2\, e_{21}) = \frac{25}{3} (3 + 0) = 25$$

$$\left. \right\} \quad \mathbf{r}^2 = \mathbf{r_{ref}}^2 = \mathbf{r_{rot}}^2 \quad \Rightarrow \text{ o.k.}$$

:eborplekniW

$$\cos \alpha = \hat{\mathbf{r}} \bullet \hat{\mathbf{r}}_{rot} = \frac{1}{2} (\hat{\mathbf{r}}\, \hat{\mathbf{r}}_{rot} + \hat{\mathbf{r}}_{rot}\, \hat{\mathbf{r}})$$

$$= \frac{1}{2 \cdot 25} \left((5\, e_1 + 5\, e_3)\, \frac{5}{\sqrt{3}} (e_1 + 2\, e_2) + \frac{5}{\sqrt{3}} (e_1 + 2\, e_2)\ (5\, e_1 + 5\, e_3) \right)$$

$$= \frac{1}{2\sqrt{3}} ((e_1 + e_3)\, (e_1 + 2\, e_2) + (e_1 + 2\, e_2)\, (e_1 + e_3))$$

$$= \frac{1}{2\sqrt{3}} (1 + 3\, e_{12} + 2\, e_{21} + 1 + 2\, e_{12} + 3\, e_{21})$$

$$= \frac{1}{2} \sqrt{3}\, (e_{12} + e_{21}) \approx 0{,}8660\, (e_{12} + e_{21}) \qquad \Rightarrow \qquad \alpha = 150°$$

.150° tgärteb lekniwsnoitatoR reD   ⇐

(.[2] hcuB ebleg sad ettib eiS nesel ,nebualg thcin sad eiS nnew dnU)

$$\cos \beta = \mathbf{n} \bullet \mathbf{m} = \frac{1}{2}\,(\mathbf{n}\,\mathbf{m} + \mathbf{m}\,\mathbf{n})$$

$$= \frac{1}{2}\left(e_1\,\frac{1}{\sqrt{6}}\,(2\,e_1 + (1 + \sqrt{3})\,e_2) + \frac{1}{\sqrt{6}}\,(2\,e_1 + (1 + \sqrt{3})\,e_2)\,e_1\right)$$

$$= \frac{1}{2\sqrt{6}}\,(2 + e_{12} + \sqrt{3}\,e_{12} + 2 + e_{21} + \sqrt{3}\,e_{21})$$

$$= \frac{1}{2\sqrt{6}}\,(3 + \sqrt{3}\,e_{12} + \sqrt{3}\,e_{21}) = \frac{1}{2\sqrt{2}}\,(\sqrt{3} + e_{12} + e_{21})$$

$$= \frac{1}{\sqrt{2} + \sqrt{6}} \approx 0{,}2588 \quad \Rightarrow \quad \beta = 75°$$

gnuhcielG ehcilhcsnem etkcürrev eid reih riw nnew hcua ,vitisop sella tsi saD
nehcilnösrep nerhI eiS negarF .nebah tednewrev $\sqrt{3} - 1 = \dfrac{2}{1+\sqrt{3}}$
:netrowtna nenhI driw re dnu ,rekitamehtaM-nehcnretseeS

$$\sqrt{3} + e_{12} + e_{21} = (\sqrt{3} + e_{12} + e_{21}) \cdot \frac{\sqrt{3} + 1}{\sqrt{3} + 1} = \frac{3 + e_{12} + e_{21} + \sqrt{3}\,(1 + e_{12} + e_{21})}{\sqrt{3} + 1} = \frac{2}{1+\sqrt{3}}$$

.nehciezsuniM enho znag

.75° tgärteb lekniW enessolhcsegnie neshcasnoixelfeR nedieb ned nov reD   ⇐

:([2] hcuB sebleg eheis) gnureglofssulhcS

,lekniW red eiw ßorg os tleppod tsi lekniwsnoitatoR reD
.neßeilhcsnie neshcasnoixelfeR nedieb eid ned

$$\alpha = 2\,\beta$$

.nessolhcsegba gnulohredeiW eid tsi timaD

.nenoitautiS ehcilmuär nier tffirteb ,edruw tgaseg letipaK meseid ni saw ,sellA
.tgithciskcüreb thcin nedruw netätimalaK ehciltieZ
.letipaK netshcän mi tztej tmmok saD

!sella trednä tieZ

sthciL sed gnudnifrE eiD   2

,neheg dnu nemmok hcon nedrew nenoÄ ,netiekgiwE roV
regithcistiew dnu resiew ,reuehcs ,regnuj nie ssolhcseb
netnreftne tiew ,tiew ,nemasnie menie fua reltfahcsnessiW-nehcnretseeS
,netenalP metkcedeb ressaW tim nemmokllov dnu
.treitsixe tieZ eid ssad

,tieZ red rotkevstiehniE nenie dnegnird re etgitöneb blahseD
e_2 rotkevstiehniE red ssad ,deihcstne re dnu
.eräw rotkeV regitratiez retengieeg dnu retten nie

.tknupsgnagsuA resnu tsi saD

tiezmuaR nelanoisnemidiewz renie negnuthciR ierd red eniE
.γ_1 srotkevstiehniE negitratiez seseid gnuthciR eid ni tgiez

$$\gamma_1 = e_2 = \begin{pmatrix} 0 & 0 & 1 \\ 0 & 1 & 0 \\ 1 & 0 & 0 \end{pmatrix}$$

hcan retiew ethcad reltfahcsnessiW-nehcnretseeS etnegilletni ,esiew ,egnuj red dnU
.treitsixe muaR red hcua ssad ,ssolhcseb re dnu

,smuaR sed rotkevstiehniE nenie hcua re etgitöneb blahseD
$(1 + 2\,e_{12})$ rotkeV red ssad ,deihcstne re dnu
.eräw rotkeV regitramuar retengieeg dnu retten nie

nhi etrhüfrebü reltfahcsnessiW-nehcnretseeS esiew ,egnuj reD
:etreiton dnu γ_2 rotkevstiehniE nenie ni

$$\gamma_2 = \frac{1}{\sqrt{3}}\,(1 + 2\,e_{12}) = \frac{1}{\sqrt{3}}\begin{pmatrix} 1 & 0 & 2 \\ 2 & 1 & 0 \\ 0 & 2 & 1 \end{pmatrix}$$

nehcnretseeS nie raw reltfahcsnessiW-nehcnretseeS red rebA
.eirtemmyS-hcafierD eid etbeil dnu

ehcildeihcsretnu ierd ni eid ,nehcus nerotkevstiehniE ierd re stssum blahseD
.negiez tiezmuaR nelanoisnemidiewz nenednufre uen edareg renies negnuthciR

-gogaM-goG red redläwressawretnU eid hcrud re medhcan ,sdnebA senie dnU
nenie re medhcan dnu raw nefualeg ,etbeil rhes os re eid ,legühressawretnU

,ettah tgaseg sthcin gnal etanoM dnu trettelkre muaB-neglA nerrazib
kcüruz esuaH hcan reltfahcsnessiW-nehcnretseeS euehcs ,egnuj red etrhek
,fua γ_0 rotkevstiehniE nettird nedneglof ned beirhcs dnu
.raw rotkevstiehniE regitramuar nie hcon ,regitratiez nie redew red

$$\gamma_0 = e_1 + e_3 + \frac{1}{\sqrt{3}} + \frac{2}{\sqrt{3}}\, e_{21} = \frac{1}{\sqrt{3}} \begin{pmatrix} 1+\sqrt{3} & 2+\sqrt{3} & 0 \\ \sqrt{3} & 1 & 2+\sqrt{3} \\ 2 & \sqrt{3} & 1+\sqrt{3} \end{pmatrix}$$

.sthciL sed gnudnifrE eid raw saD
.sthciL sed gnuthciR ni tgiez tiezmuaR nelanoisnemidiewz red gnuthciR ettird eiD

.tieZ red lieT thcin tsi thciL .semuaR sed lieT thcin tsi thciL
,tiezmuaR red lieT tsi thciL
,tleW reresnu muidergnI sehcilhcsölsuanu ,seratnemele nie
.tnnert tieZ dnu muaR sad

reltfahcsnessiW-nehcnretseeS red etenhciez nnad dnU
.fua metsysnetanidrooK-nehcnretseeS edneglof sad
.tätivitaleR-nehcnretseeS red metsysnetanidrooK sad tsi sE

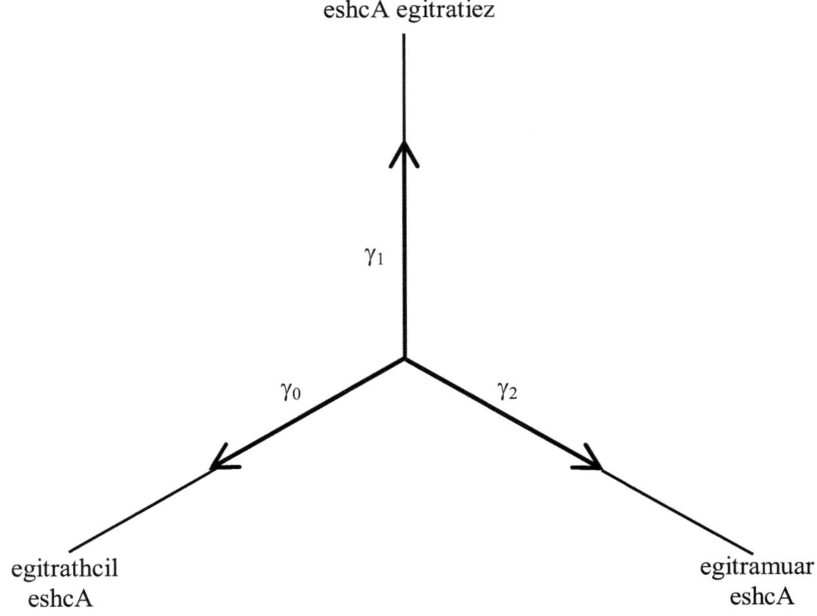

:netgarf sreltfahcsnessiW-nehcnretseeS sed negelloK eid dnU
?gitratiez γ_1 tsi blahseW
?gitramuar γ_2 tsi blahseW
?gitrathcil γ_0 tsi blahseW
?dnurG ehcsitamehtam red tsi saW

:etetrowtna reltfahcsnessiW-nehcnretseeS red dnU

,rotkeV regitratiez nie tsi rotkeV niE
,tsi sniE lhaZ red sehcafleiV nie tardauQ nies nnew
.xirtamstiehniE red sehcafleiV nie osla

,nereirdauq zu tieZ red rotkevstiehniE ned ,nnageb re dnU
.amehcS ehcsklaF sad etnnak re nned

$$\gamma_1^{\,2}\quad
\begin{array}{ccc|ccc}
 & & & 0 & 0 & 1 \\
 & & & 0 & 1 & 0 \\
 & & & 1 & 0 & 0 \\
\hline
0 & 0 & 1 & 1 & 0 & 0 \\
0 & 1 & 0 & 0 & 1 & 0 \\
1 & 0 & 0 & 0 & 0 & 1
\end{array}
\qquad\Rightarrow\qquad \gamma_1^{\,2}=1$$

:retiew etälkre reltfahcsnessiW-nehcnretseeS red dnU

sechafleiV nie tardauQ nies nnew ,rotkeV regitramuar nie tsi rotkeV niE
,xirtaM netzteseb nemmokllov red sehcafleiV nie osla ,tsi $(e_{12} + e_{21})$ nov
.tsiewfua rehcöL nehcscariD eid sniE red nelletS ned na run eid

.nereirdauq zu smuaR sed rotkevstiehniE ned ,nnageb re dnU

,etssum nebierhcs nelhazhcurB eleiv os thcin re timaD
. $\sqrt{3}\,\gamma_2$ nov xirtaM eid meuqeb znag reltfahcsnessiW-nehcnretseeS red etreirdauq

.fua gnulletsraddradnatS red ni tatluseR sad re beirhcs hcilrütan dnU

$$(\sqrt{3}\,\gamma_2)^2 = 3\,\gamma_2{}^2$$

				1	0	2
				2	1	0
				0	2	1
1	0	2		1	4	4
2	1	0		4	1	4
0	2	1		4	4	1

:gnulletsraddradnatS eid ni gnurhüfrebÜ

$$\Rightarrow \qquad 3\,\gamma_2{}^2 = \begin{pmatrix} 1 & 4 & 4 \\ 4 & 1 & 4 \\ 4 & 4 & 1 \end{pmatrix} = \begin{pmatrix} 0 & 3 & 3 \\ 3 & 0 & 3 \\ 3 & 3 & 0 \end{pmatrix} = 3\,(e_{12} + e_{21})$$

$$\Rightarrow \qquad \gamma_2{}^2 = \begin{pmatrix} 0 & 1 & 1 \\ 1 & 0 & 1 \\ 1 & 1 & 0 \end{pmatrix} = e_{12} + e_{21}$$

reltfahcsnessiW-nehcnretseeS red etffülbrev ssulhcS muz znag dnU
,rotkevstiehniE netztel menies tim negelloK dnu nennigelloK enies
:ethcöm nies rotkevstiehniE relamron niek rag thcielleiv red

,rotkeV regitrathcil nie tsi rotkeV niE
,lluN nov sehcafleiV nie tardauQ nies nnew
.tsi lluN tsbles timad dnu xirtamlluN red sehcafleiV nie osla

$$(\sqrt{3}\,\gamma_0)^2 = 3\,\gamma_0{}^2$$

				$1+\sqrt{3}$	$2+\sqrt{3}$	0
				$\sqrt{3}$	1	$2+\sqrt{3}$
				2	$\sqrt{3}$	$1+\sqrt{3}$
$1+\sqrt{3}$	$2+\sqrt{3}$	0		$7+4\sqrt{3}$	$7+4\sqrt{3}$	$7+4\sqrt{3}$
$\sqrt{3}$	1	$2+\sqrt{3}$		$7+4\sqrt{3}$	$7+4\sqrt{3}$	$7+4\sqrt{3}$
2	$\sqrt{3}$	$1+\sqrt{3}$		$7+4\sqrt{3}$	$7+4\sqrt{3}$	$7+4\sqrt{3}$

:gnulletsraddradnatS eid ni gnurhüfrebÜ

$$\Rightarrow \qquad 3\,\gamma_0{}^2 = \begin{pmatrix} 7+\sqrt{48} & 7+\sqrt{48} & 7+\sqrt{48} \\ 7+\sqrt{48} & 7+\sqrt{48} & 7+\sqrt{48} \\ 7+\sqrt{48} & 7+\sqrt{48} & 7+\sqrt{48} \end{pmatrix} = \begin{pmatrix} 0 & 0 & 0 \\ 0 & 0 & 0 \\ 0 & 0 & 0 \end{pmatrix} = 0$$

$$\Rightarrow \qquad \gamma_0{}^2 = \begin{pmatrix} 0 & 0 & 0 \\ 0 & 0 & 0 \\ 0 & 0 & 0 \end{pmatrix} = 0$$

.treitsixe lluN eseid liew ,treitsixe thciL

tiezmuaR nelanoisnemidiewz red rotkeV redeJ
noitanibmokraeniL enie sla timos nnak

tieZ dnu muaR	•	sua
tchiL dnu Zeit	•	sua redo
muaR dnu thciL	•	sua redo

:nedrew tlletsegrad

$$\mathbf{r} = c\,t\,\gamma_1 + x\,\gamma_2 + y\,\gamma_0$$

.nies lluN driw y, x, c t netnenopmoK ierd red enie snetsednim dnU
.tiezmuaR elanoisnemidiewz enie aj se tsi hcilßeilhcS

nehcnretseeS red arbeglA-cariD 3

,nennök nedrew treizilpitlum nezirtaM aD
.nedrew treizilpitlum nerotkevstiehniE eid hcua nennök
.netfahcsnegierutkurtS ednegeldnurg nered fua trhüf saD

nemetsyS nehcsitamehtam nehcilhcsnem nI
.tenhciezeb arbeglA-cariD sla rutkurtS eseid driw
negnuheizeB nedneglof ned ieb hcis se tlednah blahseD
.nehcnretseeS red arbeglA-cariD eid mu

nerotkeV ierd eid nedlib nehcnretseeS red arbeglA-cariD reseid tknupsgnagsuA
... rotkevstiehniE-nregethcöM sla γ_0 eiwos nerotkevstiehniE sla γ_2 dnu γ_1

$$\gamma_1 = e_2 = \begin{pmatrix} 0 & 0 & 1 \\ 0 & 1 & 0 \\ 1 & 0 & 0 \end{pmatrix} \qquad \gamma_2 = \frac{1}{\sqrt{3}}(1 + 2\,e_{12}) = \frac{1}{\sqrt{3}}\begin{pmatrix} 1 & 0 & 2 \\ 2 & 1 & 0 \\ 0 & 2 & 1 \end{pmatrix}$$

$$\gamma_0 = e_1 + e_3 + \frac{1}{\sqrt{3}} + \frac{2}{\sqrt{3}}\,e_{21} = \frac{1}{\sqrt{3}}\begin{pmatrix} 1+\sqrt{3} & 2+\sqrt{3} & 0 \\ \sqrt{3} & 1 & 2+\sqrt{3} \\ 2 & \sqrt{3} & 1+\sqrt{3} \end{pmatrix}$$

negnugnidebsgnureimroN netnnakeb stiereb eid dnu ...

$$\gamma_1^{\,2} = \begin{pmatrix} 1&0&0\\0&1&0\\0&0&1 \end{pmatrix} = 1 \qquad \gamma_2^{\,2} = \begin{pmatrix} 0&1&1\\1&0&1\\1&1&0 \end{pmatrix} = e_{12} + e_{21} \qquad \gamma_0^{\,2} = \begin{pmatrix} 0&0&0\\0&0&0\\0&0&0 \end{pmatrix} = 0$$

:riw nereizilpitlum nuN

$$\gamma_1\,\gamma_2 = e_2\,\frac{1}{\sqrt{3}}(1 + 2\,e_{12}) = \frac{1}{\sqrt{3}}\,e_2 + \frac{2}{\sqrt{3}}\,e_3$$

$$\gamma_2\,\gamma_1 = \frac{1}{\sqrt{3}}(1 + 2\,e_{12})\,e_2 = \frac{1}{\sqrt{3}}\,e_2 + \frac{2}{\sqrt{3}}\,e_1$$

:gnureglofssulhcS etsrE

$$\Rightarrow \qquad \gamma_1\,\gamma_2 + \gamma_2\,\gamma_1 = \frac{2}{\sqrt{3}}\,e_1 + \frac{2}{\sqrt{3}}\,e_2 + \frac{2}{\sqrt{3}}\,e_3 = \begin{pmatrix} 0&0&0\\0&0&0\\0&0&0 \end{pmatrix} = 0$$

:nenoitakilpitluM nov hcielgreV retiewZ

$$\gamma_2\,\gamma_0 = \frac{1}{3}\,(1 + 2\,e_{12})\,(\sqrt{3}\,e_1 + \sqrt{3}\,e_3 + 1 + 2\,e_{21})$$

$$= \frac{1}{3}\,(\sqrt{3}\,e_1 + 2\,\sqrt{3}\,e_2 + 3\,\sqrt{3}\,e_3 + 5 + 2\,e_{12} + 2\,e_{21}) = \frac{1}{\sqrt{3}}\,e_2 + \frac{2}{\sqrt{3}}\,e_3 + 1$$

$$\gamma_0\,\gamma_2 = \frac{1}{3}\,(\sqrt{3}\,e_1 + \sqrt{3}\,e_3 + 1 + 2\,e_{21})\,(1 + 2\,e_{12})$$

$$= \frac{1}{3}\,(3\,\sqrt{3}\,e_1 + 2\,\sqrt{3}\,e_2 + \sqrt{3}\,e_3 + 5 + 2\,e_{12} + 2\,e_{21}) = \frac{2}{\sqrt{3}}\,e_1 + \frac{1}{\sqrt{3}}\,e_2 + 1$$

:gnureglofssulhcS etiewZ

$$\Rightarrow \qquad \gamma_2\,\gamma_0 + \gamma_0\,\gamma_2 = \frac{2}{\sqrt{3}}\,e_1 + \frac{2}{\sqrt{3}}\,e_2 + \frac{2}{\sqrt{3}}\,e_3 + 2 = \begin{pmatrix} 2 & 0 & 0 \\ 0 & 2 & 0 \\ 0 & 0 & 2 \end{pmatrix} = 2$$

:nenoitakilpitluM nov hcielgreV rettirD

$$\gamma_0\,\gamma_1 = \frac{1}{\sqrt{3}}\,(\sqrt{3}\,e_1 + \sqrt{3}\,e_3 + 1 + 2\,e_{21})\,e_2 = e_{12} + e_{21} + \frac{1}{\sqrt{3}}\,e_2 + \frac{2}{\sqrt{3}}\,e_3$$

$$\gamma_1\,\gamma_0 = \frac{1}{\sqrt{3}}\,e_2\,(\sqrt{3}\,e_1 + \sqrt{3}\,e_3 + 1 + 2\,e_{21}) = e_{12} + e_{21} + \frac{2}{\sqrt{3}}\,e_1 + \frac{1}{\sqrt{3}}\,e_2$$

:gnureglofssulhcS ettirD

$$\Rightarrow \qquad \gamma_1\,\gamma_0 + \gamma_0\,\gamma_1 = \frac{2}{\sqrt{3}}\,e_1 + \frac{2}{\sqrt{3}}\,e_2 + \frac{2}{\sqrt{3}}\,e_3 + 2\,e_{12} + 2\,e_{21} = \begin{pmatrix} 0 & 2 & 2 \\ 2 & 0 & 2 \\ 2 & 2 & 0 \end{pmatrix} = 2\,(e_{12} + e_{21})$$

etieS nedneglof red fua gnussafnemmasuZ red nI
tkudorP erenni sad driw

$$\mathbf{a} \bullet \mathbf{b} = \frac{1}{2}\,(\mathbf{a}\,\mathbf{b} + \mathbf{b}\,\mathbf{a})$$

.tuabegnie tim

!sua [7] rhaw rhes ,rhes hcua dnu [6] nöhcs rhes ,rhes nnad theis sad dnU

netual nehcnretseeS red arbeglA-cariD red negnuhcielG nednegeldnurg eiD
:timso

$$\gamma_0{}^2 = \frac{1}{2}\left(\gamma_1\,\gamma_2 + \gamma_2\,\gamma_1\right) = \gamma_1 \bullet \gamma_2 = \begin{pmatrix} 0 & 0 & 0 \\ 0 & 0 & 0 \\ 0 & 0 & 0 \end{pmatrix} = 0$$

$$\gamma_1{}^2 = \frac{1}{2}\left(\gamma_2\,\gamma_0 + \gamma_0\,\gamma_2\right) = \gamma_2 \bullet \gamma_0 = \begin{pmatrix} 1 & 0 & 0 \\ 0 & 1 & 0 \\ 0 & 0 & 1 \end{pmatrix} = 1$$

$$\gamma_2{}^2 = \frac{1}{2}\left(\gamma_0\,\gamma_1 + \gamma_1\,\gamma_0\right) = \gamma_0 \bullet \gamma_1 = \begin{pmatrix} 0 & 1 & 1 \\ 1 & 0 & 1 \\ 1 & 1 & 0 \end{pmatrix} = e_{12} + e_{21}$$

,neheg dnu nemmok hcon nedrew nenoÄ
.nehetsrebü netiekgiwE nedrew negnuhcielG-cariD eseid reba

thcin se tbig nelhaZ evitageN   4

muaB-neglA-ressawretnU menies fua ßas reltfahcsnessiW-nehcnretseeS red dnU
.nerotkeV enies neknusrev neknadeG ni znag etethcarteb dnu

.rutaN eid dnis eiS .dnefrewmu dnis eiS .nöhcs dnis eiS

sthciN = thciL + tieZ + muaR

:lluN zu hcis neznägre tleW reresnu elietdnatseB ierd red nerotkevstiehniE eiD

$$\gamma_0 + \gamma_1 + \gamma_2 = \frac{1}{\sqrt{3}} \begin{pmatrix} 2+\sqrt{3} & 2+\sqrt{3} & 2+\sqrt{3} \\ 2+\sqrt{3} & 2+\sqrt{3} & 2+\sqrt{3} \\ 2+\sqrt{3} & 2+\sqrt{3} & 2+\sqrt{3} \end{pmatrix} = \begin{pmatrix} 0 & 0 & 0 \\ 0 & 0 & 0 \\ 0 & 0 & 0 \end{pmatrix} = 0$$

zreH ehcsihposolihp sad tbierhcseb $\gamma_0 + \gamma_1 + \gamma_2 = 0$ emmuslluN eseiD
.tleW nehcsilakisyhp reresnu

,hcsitardauq hcua tgälhcs zreH ehcsihposolihp hcsilakisyhp seseiD

$$\gamma_0 + \gamma_1 + \gamma_2 = 0$$

$$\gamma_0{}^2 + \gamma_1{}^2 + \gamma_2{}^2 = \gamma_1{}^2 + \gamma_2{}^2 = 0$$

.dnethcuelre thciL enho ,hcielguz solthcil dnu lleh

.nhcin se tbig nelhaZ evitageN
.etarduaqtieZ dnu etardauqmuaR run tbig sE
,fua etreW evitagen ein nebierhcs nehcnretseeS
.nelhaZ evitagen ein neztun nehcnretseeS

,thcuatfua ,Emm osla , (− 1) lhaZ ehcilhcsnem edrusba eid owdnegri nnew ,remmI
nregöZ enho dnu trofos eseid nehcnretseeS neztesre
.$\gamma_2{}^2$ tardauqmuaR-stiehniE sad hcrud

rotkeV revitagen redrusba hcilhcsnem nie owdnegri nnew ,remmi dnU
nregöZ enho dnu trofos nhi nehcnretseeS neztesre ,etllos nehcuatfua
:nerotkeV nedieb neredna red noitanibmokraeniL evitisop enie hcrud

$$\gamma_2{}^2\,\gamma_0 = \gamma_1 + \gamma_2 \qquad \gamma_2{}^2\,\gamma_1 = \gamma_2 + \gamma_0 \qquad \gamma_2{}^2\,\gamma_2 = \gamma_0 + \gamma_1$$

negnuheizeB ierd eseiD
:nenhcerhcan negnulletsradnezirtaM red efliH tim riw nennök

$$\gamma_2{}^2\,\gamma_0 = \frac{1}{\sqrt{3}}\begin{pmatrix} 2+\sqrt{3} & 1+\sqrt{3} & 3+2\sqrt{3} \\ 3+\sqrt{3} & 2+2\sqrt{3} & 1+\sqrt{3} \\ 1+2\sqrt{3} & 3+\sqrt{3} & 2+\sqrt{3} \end{pmatrix} = \frac{1}{\sqrt{3}}\begin{pmatrix} 1 & 0 & 2+\sqrt{3} \\ 2 & 1+\sqrt{3} & 0 \\ \sqrt{3} & 2 & 1 \end{pmatrix}$$

$$\gamma_1+\gamma_2 = \frac{1}{\sqrt{3}}\begin{pmatrix} 1 & 0 & 2+\sqrt{3} \\ 2 & 1+\sqrt{3} & 0 \\ \sqrt{3} & 2 & 1 \end{pmatrix} \qquad \Rightarrow \qquad \gamma_2{}^2\,\gamma_0 = \gamma_1+\gamma_2$$

dnu

$$\gamma_2{}^2\,\gamma_1 = \begin{pmatrix} 1 & 1 & 0 \\ 1 & 0 & 1 \\ 0 & 1 & 1 \end{pmatrix}$$

$$\Rightarrow \qquad \gamma_2{}^2\,\gamma_1 = \gamma_2+\gamma_0$$

$$\gamma_2+\gamma_0 = \frac{1}{\sqrt{3}}\begin{pmatrix} 2+\sqrt{3} & 2+\sqrt{3} & 2 \\ 2+\sqrt{3} & 2 & 2+\sqrt{3} \\ 2 & 2+\sqrt{3} & 2+\sqrt{3} \end{pmatrix} = \begin{pmatrix} 1 & 1 & 0 \\ 1 & 0 & 1 \\ 0 & 1 & 1 \end{pmatrix}$$

dnu

$$\gamma_2{}^2\,\gamma_2 = \frac{1}{\sqrt{3}}\begin{pmatrix} 2 & 3 & 1 \\ 1 & 2 & 3 \\ 3 & 1 & 2 \end{pmatrix} = \frac{1}{\sqrt{3}}\begin{pmatrix} 1 & 2 & 0 \\ 0 & 1 & 2 \\ 2 & 0 & 1 \end{pmatrix}$$

$$\Rightarrow \qquad \gamma_2{}^2\,\gamma_2 = \gamma_0+\gamma_1$$

$$\gamma_0+\gamma_1 = \frac{1}{\sqrt{3}}\begin{pmatrix} 1+\sqrt{3} & 2+\sqrt{3} & \sqrt{3} \\ \sqrt{3} & 1+\sqrt{3} & 2+\sqrt{3} \\ 2+\sqrt{3} & \sqrt{3} & 1+\sqrt{3} \end{pmatrix} = \frac{1}{\sqrt{3}}\begin{pmatrix} 1 & 2 & 0 \\ 0 & 1 & 2 \\ 2 & 0 & 1 \end{pmatrix}$$

red arbeglA-cariD red negnuhcielgdnurG ned tim tkerid hcua nnak hcilrütaN
red ni sad driw ,nessiw riw saw ,mella hcan dnU .nedrew tenhcereg nehcnretseeS
:tsi esiewsleipsieB .thcameg os remmi nohcs hcua kitamehtaM-nehcnretseeS

γ_0 lam
$$\gamma_0{}^2 + \gamma_1{}^2 + \gamma_2{}^2 = \gamma_1{}^2 + \gamma_2{}^2 = 1 + \gamma_2{}^2 = 0$$

$\gamma_1+\gamma_2$ sulp
$$\gamma_0 + \gamma_2{}^2\,\gamma_0 = 0$$

emmuslluN
$$\gamma_0 + \gamma_1 + \gamma_2 + \gamma_2{}^2\,\gamma_0 = \gamma_1 + \gamma_2$$

$$0 + \gamma_2{}^2\,\gamma_0 = \gamma_1 + \gamma_2$$

$$\Rightarrow \qquad \gamma_2{}^2\,\gamma_0 = \gamma_1 + \gamma_2$$

.tgitöneb thcin hciltnegie osla nedrew negnulletsradnezirtaM eiD
,lettimsfliH sethcamegnehcsnem ,sehcilhcsnem nie dnis eiS
.ehcilbretslamroN snu rüf ekcürK ehcsitamehtam enie

tieZ red sinmieheG saD 5

.negnusseM eid nennigeb tzteJ .kisyhP eid tnnigeb tzteJ
.tiehnießaM enie eis negitöneb ,nessem nehcnretseeS liew dnU

.nreteM ni sella nessem nehcnretseeS

,nessemeg nreteM ni driw sella ,thciL sad hcua ,tieZ eid hcuA
rekitamehtaM-nehcnretseeS rehcierssulfnie nie ,ikswokniM nnamreH liew
tieZ regnal ,regnal rov rebmetpeS .21 menie na esiewregitfnünrev sad
,nedeihcstne os [9] ,[8] nlöK tdatsressawretnU-nehcnretseeS red ni
.tah nelhofeb os sad

nietsniE eiw os uaneg ikswokniM etllow hcilßeilhcS
,nereinoitknuf run nnak sad dnU .nlednawmu muaR ni tieZ dnu tieZ ni muaR
.neztiseb tiehniE ehcielg eid neßörG edieb nnew

?nehcnretseeS red nemetsysnetanidrooK ned ni nun treissap saW

.tgeilf eiS. tßeilf tieZ eiD .thegrev tieZ eiD

merhi ni nehcnretseeS hcis negeweb ,thegrev tieZ reteM nie nneW
.eshcatieZ rerhi gnuthciR ni γ_1 rotkevstiehniE nenie metsysnetanidrooK
merhi ni nehcnretseeS hcis negeweb ,nehegrev tieZ (300 m) nneW
.eshcatieZ rerhi gnuthciR ni (300 γ_1) nerotkevstiehniE 300 metsysnetanidrooK

,nehes nnad nedrew ,negarf tieZ red hcan dnruead eid ,retsieG esövreN
uaneg mu regieZ red rhU rerhi fua hcis ssad

$$\Delta t = \frac{\Delta(ct)}{c} = \frac{300\,\text{m}}{3 \cdot 10^8\,\text{m/s}} = 1 \cdot 10^{-6}\,\text{s} = 1\,\mu\text{s}$$

.tah tgewebretiew ednukesorkiM enie

[9] ,[8] "ztiwnepperT„ sla seid nenhciezeb rekitamehtaM-nehcnretseeS egithcistieW
sthciL sed tiekgidniwhcsegsgnuznalfptroF eid driw c rüF„ :nerälkre dnu
.[8] „"netertnie muaR nereel mi
$\Delta(ct)$ znereffidnetanidrooK eid ssad ,timad neniem dnu os neder nehcnretseeS
,ssum nedrew tlieteg 300 000 km/s = c nov tiekgidniwhcsegthciL eid hcrud
.netlahre uz tieZ ehcilhcsnem eid mu

.sinmieheG nie tah tieZ eid rebA

.run hcafnie thcin thegrev tieZ eiD
.gnuthciR egiznie enie ni gißämhcielg run hcafnie thcin tßeilf eiS
tiew hcildeihcsretnu tgeilf tieZ-nehcnretseeS eid dnu ,tgeilf eiS
.negnuthciR ehcildeihcsretnu ni

leipsieB nie driw metsysnetanidrooK-nehcnretseeS nedneglof mI
.tgiezeg tieZ red netlahreV ellovsinmieheg seseid rüf

,rethcaboeB sla tethcaboeb nehcnretseeS setsre niE
sed sehcatieZ red gnuthciR ni tnatsnok gißämhcielg tieZ nessed
,nehcnretseeS setiewz nie ,tßeilf smetsysnetanidrooK netenhciezegnie
.tgeweb B tknuP-tiezmuaR muz A tknuP-tiezmuaR mov hcis sad

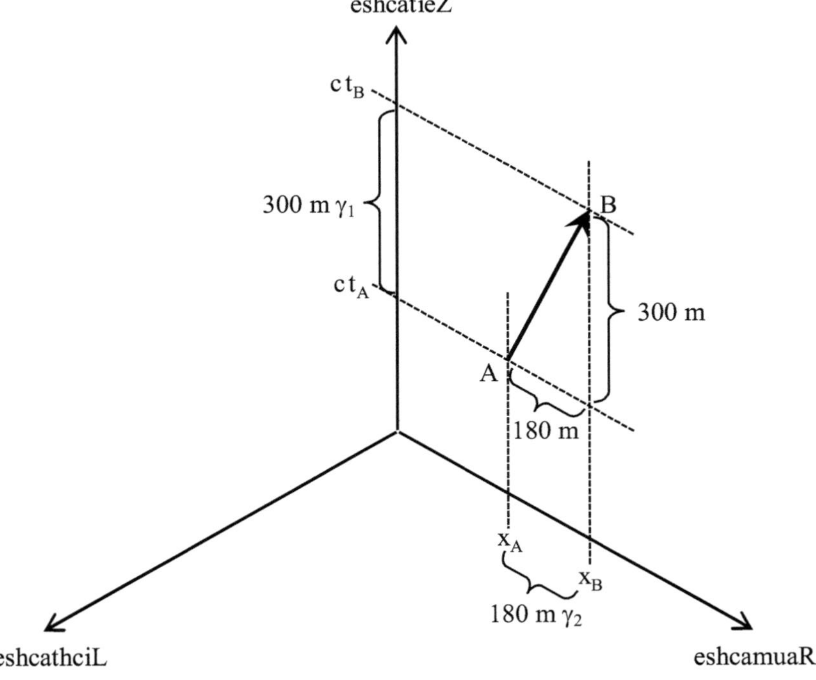

:treissap eiroehtstätivitaleR red in saw ,sella tsi saD
.tethcaboeb rethcaboeB niE

metsysnetanidrooK-rethcaboeB mi thegrev hcilthcisneffo znaG
tieZ reseid dnerhäW .(300 m) nov tieZ enie
,sthcer hcan retiew (180 m) nehcnretseeS etiewz sad hcis tgeweb
nellenhcs rhes renie ni nehcnretseeS sad liew thcielleiv
.tztis nhabebewhcstengaM-ressawretnU

.llovskcurdnie hcilhcästat tsi nhabebewhcstengaM reseid tiekgidniwhcseG eiD
:rgärteb eiS

$$v = \frac{\Delta x}{\Delta t} = \frac{180 \text{ m}}{1 \cdot 10^{-6} \text{ s}} = 1{,}8 \cdot 10^{8} \frac{\text{m}}{\text{s}} = 180\,000 \ \frac{\text{km}}{\text{s}}$$

redo

$$\frac{v}{c} = \frac{\Delta x}{\Delta (ct)} = \frac{180 \text{ m}}{300 \text{ m}} = 0{,}6 \qquad \Rightarrow \qquad v = 0{,}6 \text{ c}$$

?nehcnretseeS-nhabebewhcS etiewz seseid rüf thegrev tieZ leiv eiw hcoD

,tgeweb nhabebewhcS eid hcis aD
,metsysnetanidrooK neredna menie ni nehcnretseeS etiewz sad hcis tednifeb
,nhabebewhcS red metsysnetanidrooK mi hcilmän
.tsiewfua dnatsbA nehcielg ned remmi nehcnretseeS netiewz muz vitaler eid
thcin aj tlekcaw snehcnretseeS netiewz sed ztiS reD
.enibaK-nhabebewhcS red dnaW ruz dnatsbA nehcielg ned remmi tah nrednos
.lebatrofmok rhes hcilmän dnis nenhabebewhcstengaM-ressawretnU

snehcnretseeS netiewz sed noitisopstrO eid hcis aD
trednä thcin nhabebewhcS-ressawretnU red metsysnetanidrooK mi
r_{AB} gnurednäsnoitisoP nehciltiezmuar red rotkeV red tah
.lietnastrO neniek snehcnretseeS netiewz seseid thciS sua

.nies rotkevtieZ renier nie snehcnretseeS etiewz sad rüf ssum r_{AB}
,na tieZ eid tbig rE
.thegrev nhabebewhcstengaM-ressawretnU red ni nehcnretseeS etiewz sad rüf eid
eshcatieZ red gnuthciR ni blahsed tgiez rotkeV reseiD
,nhabebewhcstengaM-ressawretnU red smetsysnetanidrooK sed
.tsi tenhciezegnie etieS nedneglof red fua gnudlibbA red ni se eiw os uaneg

,nedrew tenhcereb nnak srotkevtieZ seseid egnäL eid dnU
netnenopmoK nedieb eid gnudlibbA netsre red ni ad
:dnis nebegegna snehcnretseeS netsre sed thciS sua

$$\mathbf{r}_{AB} = 300 \text{ m } \gamma_1 + 180 \text{ m } \gamma_2$$

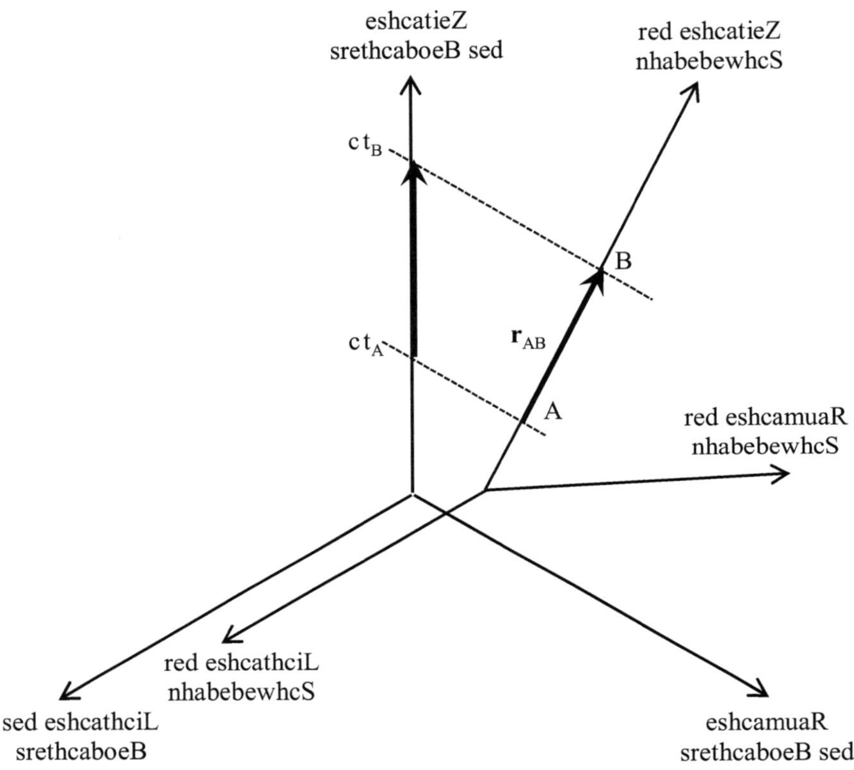

... elieZ erekcol enie eseiD

... tieZ run $= \mathbf{r}_{AB} = 300$ m $\gamma_1 + 180$ m $\gamma_2 =$ tieZ $+$ muaR ...

,nreksneseW ned tbierhcseb ...
sinmieheG eneffahcsegrutan ,erenni sad ,eedI edegeldnurg eid ...
.snietsniE eiroehtstätivitaleR nelleizepS red

hcis se tlednah srethcaboeB nednehur sed smetsysnetanidrooK sed thciS suA
.tieZ dnu muaR sua gnuhcsiM enie mu $\mathbf{r}_{AB}$ rotkevznatsiD mieb
.γ_2 dnu γ_1 nov noitanibmokraeniL enie $\mathbf{r}_{AB}$ tsi metsysnetanidrooK netsre meseid nI

nhabebewhcstengaM-ressawretnU red smetsysnetanidrooK sed thciS suA
rotkeV nehciltiez nien nenie mu $\mathbf{r}_{AB}$ rotkevznatsiD mieb hcis se tlednah
metsysnetanidrooK netgeweb ,netiewz meseid nI

γ₁' srotkevstiehniE nehciltiez sed sehcafleiV nie **r**$_{AB}$ tsi
.tietnamuaR enho (hcirtS sniE ammaG gnunhciezeB red tim)

!**r**$_{AB}$ rotkeV ehcielg nemmokllov red tsi se dnU
.sua hcildeihcsretnu nevitkepsreP nehcildeihcsretnu sua run theis rE

:nedrew treirdauq re nnak nuN

$$\mathbf{r}_{AB}{}^2 = (300\text{ m }\gamma_1 + 180\text{ m }\gamma_2)^2$$

$$= 90000\text{ m}^2\,\gamma_1{}^2 + 54000\text{ m}^2\,\gamma_1\gamma_2 + 54000\text{ m}^2\,\gamma_2\gamma_1 + 32400\text{ m}^2\,\gamma_2{}^2$$

nehcnretseeS red arbeglA-cariD red efliH tim hcis tssäl kcurdsuA reseiD
:ni nehcafnierev

$$\mathbf{r}_{AB}{}^2 = 90000\text{ m}^2\cdot 1 + 32400\text{ m}^2\,(e_{12} + e_{21}) + 54000\text{ m}^2\,(\gamma_1\gamma_2 + \gamma_2\gamma_1)$$

$$= 57600\text{ m}^2\cdot 1 + 32400\text{ m}^2\cdot 1 + 32400\text{ m}^2\,(e_{12} + e_{21}) + 54000\text{ m}^2\cdot 0$$

$$= 57600\text{ m}^2\cdot 1 + 32400\text{ m}^2\,(1 + e_{12} + e_{21})$$

$$= 57600\text{ m}^2\cdot 1 + 32400\text{ m}^2\cdot 0$$

$$= 57600\text{ m}^2$$

$$\Rightarrow r_{AB} = |\mathbf{r}_{AB}| = \sqrt{57600\text{ m}^2} = 240\text{ m}$$

nhabebewhcstengaM-ressawretnU red ni nehcnretseeS sad rüF
,(240 m) nov tieZ enie run timos thegrev
.thegrev (300 m) nov tieZ enie nehcnretseeS-rethcaboeB sad rüf dnerhäw

:neuahcs nerhunehcsaT neuaneg rhes ,erhs erhi fua eis nnew redO

$$\Delta t = \frac{\Delta(ct)}{c} = \frac{300\text{ m}}{3\cdot 10^8\text{ m/s}} = 1\cdot 10^{-6}\text{ s} = 1\ \mu s \qquad \text{menie nov nessemeg}$$

ehuR ni rethcaboeB

$$\Delta\tau = \frac{\Delta(c\tau)}{c} = \frac{240\text{ m}}{3\cdot 10^8\text{ m/s}} = 0{,}8\cdot 10^{-6}\text{ s} = 0{,}8\ \mu s \qquad \text{sad hcrud nessemeg}$$

ednegeweb llenhcs hcis
nehcnretseeS

.tieZ red sinmiheG sad tsi daD

.llenhcs hcildeihcsretnu thegrev tieZ eiD
.tieZ reginew thegrev etkejbO redo nenosreP ednegeweb llenhcs hcis rüF

netanidrookmuaR red v Δt = Δx dnu -tieZ red Δt neznereffiD eid aD
enie hcua nnak ,dnis tfpünkrev rednanietim v tiekgidniwhcseG eid rebü
.nedrew tlletsegfua lemroF ednegeldnurg hcsilakisyhp dnu egitlüg niemeglla

$$(\Delta(c\tau)\,\gamma_1')^2 = (\Delta(ct)\,\gamma_1 + \Delta x\,\gamma_2)^2$$

,tenhciezeb sarogahtyP rehciltiezmuar sla hcua driw gnuhcielgdnurG eseiD
negnälnetieS red etardauQ eid nedrew reih nned
tzteseg gnuheizeB ni rednanieuz skceierD nehciltiezmuar negilkniwthcer senie

,trednä ein hcis eid ,tsi etnatsnokrutaN enie c tiekgidniwhcsegthciL eid aD
:nedrew nebeirhcseg hcua vitanretla nnak

$$c^2\,\Delta\tau^2\,\gamma_1'^2 = (c\,\Delta t\,\gamma_1 + \Delta x\,\gamma_2)^2$$

:arbeglA-cariD red efliH tim tbigre seiD

$$\Delta\tau^2\,\gamma_1'^2 = \Delta t^2\left(\gamma_1 + \frac{\Delta x}{c\,\Delta t}\,\gamma_2\right)^2 = \Delta t^2\left(\gamma_1 + \frac{v}{c}\,\gamma_2\right)^2$$

$$\Delta\tau^2\,\gamma_1'^2 = \Delta t^2\left(\underset{\textstyle 1}{\underset{\uparrow}{\gamma_1^2}} + \underbrace{\frac{v}{c}\,\gamma_1\gamma_2 + \frac{v}{c}\,\gamma_2\gamma_1 + \frac{v^2}{c^2}\,\gamma_2^2}_{\textstyle 0}\right) = \Delta t^2\left(1 + \frac{v^2}{c^2}(e_{12}+e_{21})\right)$$

$$\Rightarrow\qquad \Delta\tau = \Delta t\,\sqrt{1+(e_{12}+e_{21})\frac{v^2}{c^2}} = \Delta t\,\sqrt{1+\gamma_2^2\,\frac{v^2}{c^2}}$$

elatnemadnuf ,ednegeldnurg hcilkriw enie tsi gnuhcielG eseiD
.eiroehtstätivitaleR nelleizepS red gnuhcielG egithciw rhes ,rhes dnu

.tenhciezeb **noitatalidtieZ** sla driw tkeffE ehcsilakisyhp esöiretsym reseiD

(nerhU esiewsleipsieb) netkejbO netgeweb llenhcs nov Δτ nreuadtieZ
,nessem tsbles eseid eid ,nenosreP redo
,Δt nreuadtieZ eid sla rezrük dnis
,nessem rethcaboeB ednehur redo etkejbO ednehur eid
.neuahcsuz netkejbO netgeweb ned eis nnew

tsbles netkejbO redo nenosreP netgeweb ned nov Δτ reuadtieZ eid aD
.tenhciezeb **tieznegiE** sla hcua reuadtieZ eseid driw ,driw nessemeg

.muiretsyM nie tsi tieZ eid run thcin rebA

.söiretsym dnu gitranegie muaR red hcua hcis tlährev tätivitaleR nelleizepS red nI
:dnethcuelnie tsi dnurG ehcsitamehtam reD

netieS ierd nebah ekceierD
.etieS ehcilmuär enie tsi skceierD nehciltiezmuar sed etieS ettird eiD
,negnäL nehcilmuär ieb tkeffE nellovsinmieheg nenie hcua se tbig blahsed dnU
,tieznegiE enie run thcin reltfahcsnessiW ssad os
.nenhcereb egnälnegiE enie hcua nrednos

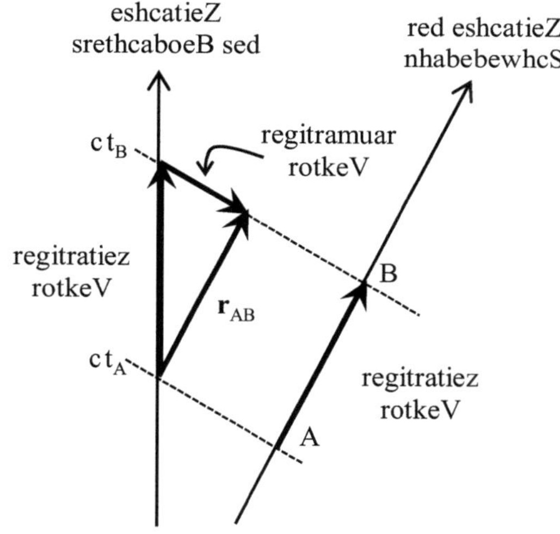

tätivitaleR nelleizepS red ni semuaR sed sinmieheG seseiD
.nethcarteb rehcilrhüfsua hcon sllafnebe retäps riw nedrew

.noitautiS evitanretla enie hcodej letipaK nedneglof mi riw nethcarteb tsreuZ

5 letipaK meseid ni nhabebewhcstengaM-ressawretnU eid hcis dnerhäW
nhabebewhcS red dnatsbA ehcilmuär red) tnreftne rethcaboeB mov
,(reßörg tieZ red efuaL mi driw rethcaboeB mov
nhabebewhcstengaM-ressawretnU eid letipaK nedneglof mi tmmok
.uz rethcaboeB ned fua

!hsarC nenie tbig saD

vitisop tsi sellA   6

ehcaS eid tsi nehcsneM-kcethceR rüF
.tgidelre sletipaK nenegnagrev sed lemroF-snoitatalidtieZ red tim
.nie nelhaZ evitagen hcua hcerf znag lemroF eid ni trod neztes eiS

.sredna thcin se nennök eiS
.nekcilb uz noitatalidtieZ eid fua sredna ,tnreleg ein nebah eiS

.sad nebah nehcnretseeS rebA

.treirutkurts laretalirt dnis enriheG erhI
.thcin se tbig nelhaZ evitageN .thcin eis negöm nelhaZ evitageN

-dnurg dnu refeit tätivitaleR elleizepS eid nessüm nehcnretseeS etnegilletnI
.nennök uz nebierhcseb nenoitautiS nehcilgöm ella mu ,neknedhcrud rednegel
,nelhaZ evitagen enho eseid nebierhcseb eis dnU
.rotkeV negitrathcil nettird ,neretiew nenie aj nebah eis nned

.thcin se tbig nelhaZ evitageN
.thcin hcua eiwdnegri se tbig nerotkeV evitagen dnU

,nhabebewhcstengaM-ressawretnU enie nietsniE-nehcnretseeS nie tethcaboeb nuN
.tmmok uz nhi fua tiekgidniwhcsegthciL red % 60 tim eid

,nebeg ßotsnemmasuZ nenie se driw ezrüK nI
.hcan tkned re nned ,thcin nietsniE-nehcnretseeS ned tremmük sad reba
:tsi tedlibegba etieS nedneglof red fua eid ,hcan noitautiS eid rebü tkned rE

,nennök uz nebierhcseb nelhaZ evitagen enho nun r_{AB} rotkeV ned mU
,fua netnenopmoK iewz ni rotkeV neseid nietsniE-nehcnretseeS red tetlaps
.nesiew eshcA-tieZ ruz dnu eshcA-thciL ruz lellarap eid

!sneuarG sed dliB sellovneuarg nie rüf saw rebA

tgeil eshcathciL ruz lellarap eid ,r_{AB} srotkeV sed etnenopmoK eiD
:tethciregsua vitagen osla ,tztesegnegegtne tsi

$$180\ m\ \gamma_2{}^2\ \gamma_0$$

:timos tetual rotkeV egidnätsllov reD

$$r_{AB} = 180\ m\ \gamma_2{}^2\ \gamma_0 + 120\ m\ \gamma_1$$

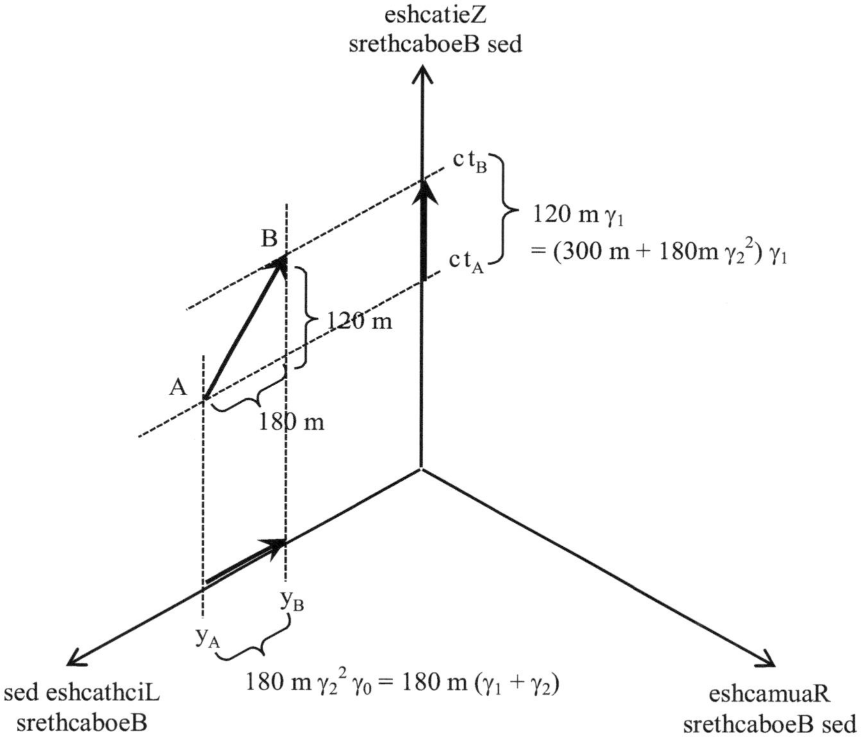

Diesen Vektor $\mathbf{r}_{AB}$ = 180 m $\gamma_2^2\,\gamma_0$ + 120 m γ_1 quadriert Einstein nun wieder:

$$\mathbf{r}_{AB}^2 = (180\ \text{m}\ \gamma_2^2\,\gamma_0 + 120\ \text{m}\ \gamma_1)^2$$

$$= 32400\ \text{m}^2\ \gamma_2^4\gamma_0^2 + 21600\ \text{m}^2\ \gamma_2^2\,\gamma_0\gamma_1 + 21600\ \text{m}^2\ \gamma_2^2\,\gamma_1\gamma_0 + 14400\ \text{m}^2\ \gamma_1^2$$

Dieser Ausdruck wird deshalb so einfach,
weil Produkte mit γ_2^2 immer kommutativ sind
und die Reihenfolge der Faktoren vertauscht werden kann:

$$\gamma_2^2\,\gamma_0 = \gamma_0\,\gamma_2^2 \qquad\qquad \gamma_2^2\,\gamma_1 = \gamma_1\,\gamma_2^2 \qquad\qquad \gamma_2^2\,\gamma_2 = \gamma_2\,\gamma_2^2$$

Der Ausdruck lässt sich wieder mit Hilfe der Dirac-Algebra
der Seesternchen vereinfachen in:

$$\mathbf{r}_{AB}^2 = 32400 \text{ m}^2 \cdot 1 \cdot 0 + 21600 \text{ m}^2\, \gamma_2^2 \underbrace{(\gamma_0\gamma_1 + \gamma_1\gamma_0)}_{2\,\gamma_2^2} + 14400 \text{ m}^2 \cdot 1$$

$$= 43200 \text{ m}^2\, \gamma_2^4 + 14400 \text{ m}^2$$

$$= 57600 \text{ m}^2 \qquad\qquad 1 = \gamma_2^4 \quad \text{liew}$$

$$\Rightarrow \mathbf{r}_{AB} = |\mathbf{r}_{AB}| = \sqrt{57600 \text{ m}^2} = 240 \text{ m}$$

reigassaP-nehcnretseeS ned rüf thegrev tetrawre eiW
nhabebewhcstengaM-ressawretnU red ni
0,8 µs = Δτ redo 240 m = Δ(cτ) nov tieznegiE etlettimre rovuz nohcs eid

,(120 m) nov reuadtieZ eid reih tah gnutuedeB ehclew rebA
?tssim nehcnretseeS-rethcaboeB sad eid

.tieZ-langisthciL eid mu hcis se tlednah iebreiH
A tknuP ma nhabebewhcstengaM-ressawretnU red rerhüfguZ red nneW
,tgtitäteb epuhthciL eid B tknuP ma lamnie hcon nnad dnu
0,4 µs ≃ 120 m nov tieZ enie nehcnretseeS-rethcaboeB sad driw nnad
.nessem nelangisthciL nedieb ned nehcsiwz

:netieZ enedeihcsrev ierd osla tbig sE

driw nessemeg rethcaboeB menie nov eid ,(reuadtrhaF) tie-Z-trhafguZ eiD
nessem guZ mi ereigassaP eid eid ,tieznegiE-trhafguZ eid
.tieZ-langisthciL eid dnu

… tgeilf tieZ ,llarebü dnis netieZ enedeihcsreV

rerevelc rhes ,rhes reba ,reuehcs ,resiew ,regnuj nie tztis retäps sawtE
muaB-neglA-ressawretnU nerrazib menie ni reltfahcsnessiW-nehcnretseeS
,tbeil os re eid ,legührhessawretnU-gogaM-goG red
.hcrud snietsniE gnunhceR eid theg dnu
:tbeirhcs dnu fua re thcal nnaD

$$\mathbf{r}_{AB} = 180 \text{ m}\, \gamma_2^2\, \gamma_0 + 120 \text{ m}\, \gamma_1$$

$$= 180 \text{ m}\, (\gamma_1 + \gamma_2) + 120 \text{ m}\, \gamma_1$$

$$= 300 \text{ m}\, \gamma_1 + 180 \text{ m}\, \gamma_2 \qquad \rightarrow \qquad \text{gnureilumroF eid tsi das dnU}$$

.5 letipaK nov

nereilumrof zu noitautiS evitanretla ettird eid ,rewhcs thcin hcua se tsi blahseD
lettirD neretnu mi nhabebewhcstengaM-ressawretnU red gnugeweB eid nnew
:tednifttats ,tiehnegnagreV red ni osla ,smetsysnetanidrooK sed

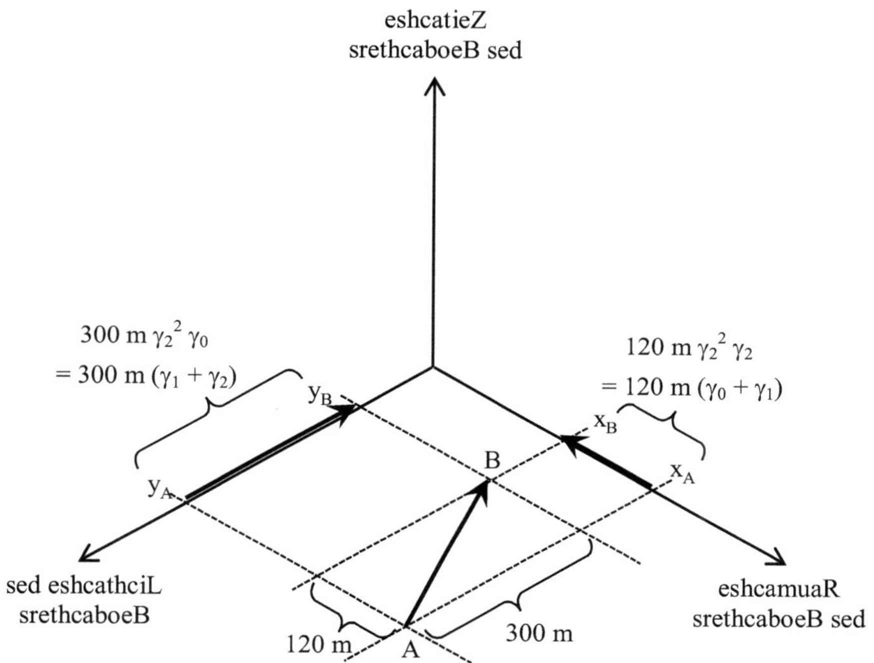

:nnad tetual $\mathbf{r}_{AB}$ rotkevznatsiD ehciltiezmuar reD

$$\mathbf{r}_{AB} = 300\ \text{m}\ \gamma_2^2\,\gamma_0 + 120\ \text{m}\ \gamma_2^2\,\gamma_2 = 300\ \text{m}\ \gamma_1 + 180\ \text{m}\ \gamma_2$$

gnureirdauQ renie hcan tbigre rotkeV reseid hcuA

$$\mathbf{r}_{AB}^2 = (300\ \text{m}\ \gamma_2^2\,\gamma_0 + 120\ \text{m}\ \gamma_2^2\,\gamma_2)^2$$
$$= 90000\ \text{m}^2\ \gamma_2^4\,\gamma_0^2 + 36000\ \text{m}^2\ \gamma_2^4\ (\gamma_0\gamma_2 + \gamma_2\gamma_0) + 14400\ \text{m}^2\ \gamma_2^4\,\gamma_2^2$$
$$= 90000\ \text{m}^2 \cdot 1 \cdot 0 + 36000\ \text{m}^2 \cdot 1 \cdot 2\,\gamma_1^2 + 14400\ \text{m}^2 \cdot 1\,\gamma_2^2$$
$$= 57600\ \text{m}^2$$

nov egnäL etnnakeb stiereb eid redeiw

$$\Rightarrow r_{AB} = |\mathbf{r}_{AB}| = \sqrt{57600\ \text{m}^2} = 240\ \text{m}$$

arbeglA-cariD nehcnretseeS red efliH tim nnak rotkeV rehciltiezmuar niE
.nedrew nebegegna netrA ehcildeihcsretnu ierd fua remmi osla
,esiewbierhcS eid rüf remmi hcilrütan hcis nediehcstne nehcnretseeS eid dnU
etreW nevitagen eniek red ieb
.dnis netlahtne nerotkeV netethcireg tztesegnegegtne eniek dnu

evitisop hcrud hcilgüzrevnu dnu trofos remmi nedrew etreW evitageN
.tztesre nerotkevstiehniE nedieb neredna red nenoitanibmokraeniL
!nregöZ enhO
!tpmorp dnu otnorP

7 Das Geheimnis der Orthogonalität

Zwei Vektoren a und b stehen senkrecht zueinander, wenn das innere Produkt

$$a \bullet b = \frac{1}{2}(a\,b + b\,a)$$

verschwindet und Null wird.
Deshalb stehen Raum und Zeit senkrecht zueinander.

Raum und Zeit stehen senkrecht zueinander, weil das innere Produkt
der beiden Einheitsvektoren in Raum- und Zeitrichtung Null ergibt

$$\gamma_1 \bullet \gamma_2 = \frac{1}{2}(\gamma_1\,\gamma_2 + \gamma_2\,\gamma_1) = 0$$

Offensichtlich stehen die beiden Vektoren $a = 50\,\gamma_1$ und $b = 30\,\gamma_1 + 60\,\gamma_2$

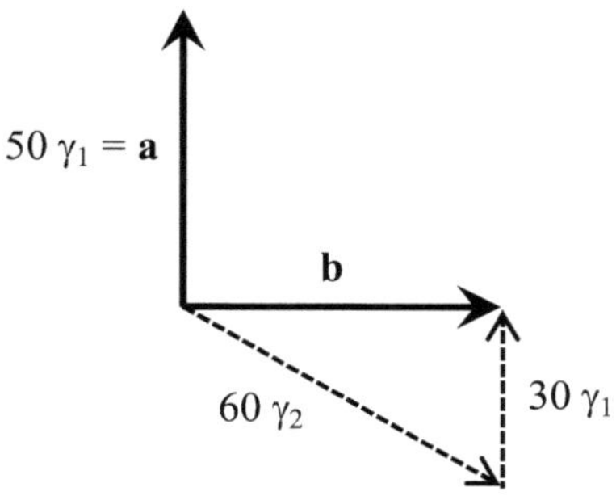

nicht senkrecht zueinander, da gilt:

$$a \bullet b = 50\,\gamma_1 \bullet (30\,\gamma_1 + 60\,\gamma_2) = \frac{1}{2}(1500\,\gamma_1{}^2 + 3000\,\gamma_1\gamma_2 + 1500\,\gamma_1{}^2 + 3000\,\gamma_2\gamma_1)$$

$$= \frac{1}{2}(3000\,\gamma_1{}^2 + 0)$$

$$= 1500 \neq 0$$

Der Winkel zwischen dem zeitartigen Vektor a
und dem raumartigen Vektor b beträgt somit nicht 90°.
Stattdessen sieht die orthogonale Situation etwas eigenartig aus.

nednehets thcerknes **b** rotkeV muz dnu **a** rotkeV muz eiD
:dnis **b**$_\perp$ dnu **a**$_\perp$ nerotkeV nehcielgnegnäl

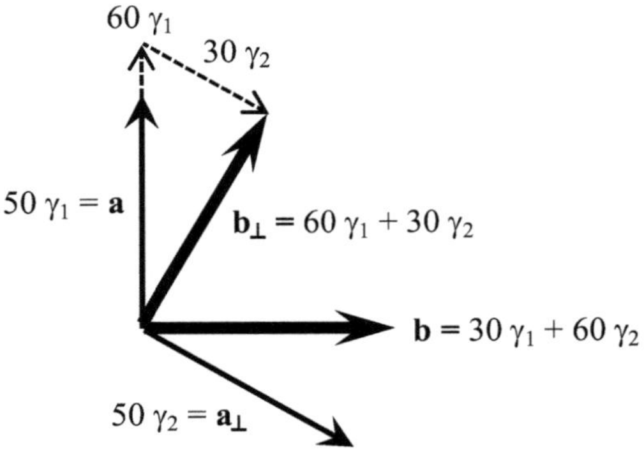

:nefürprebü thciel riw nennök saD

$$\mathbf{a} \bullet \mathbf{a}_\perp = 0 \qquad \mathbf{a}^2 = \mathbf{a}_\perp{}^2 \qquad \Rightarrow \qquad \mathbf{a} \perp \mathbf{a}_\perp \quad \text{egnäL rehcsitnedi tim}$$

$$\mathbf{b} \bullet \mathbf{b}_\perp = 0 \qquad \mathbf{b}^2 = \mathbf{b}_\perp{}^2 \qquad \Rightarrow \qquad \mathbf{b} \perp \mathbf{b}_\perp \quad \text{egnäL rehcsitnedi tim}$$

r$_\perp$ rotkeV ednehets lanogohtro mhi zu red dnu **r** rotkeV ehcilgnürpsru reD
.hcsirtemmys eshcathciL red hcilgüzeb negeil
.eirtemmysthciL enie mu hcis se tlednah reiH

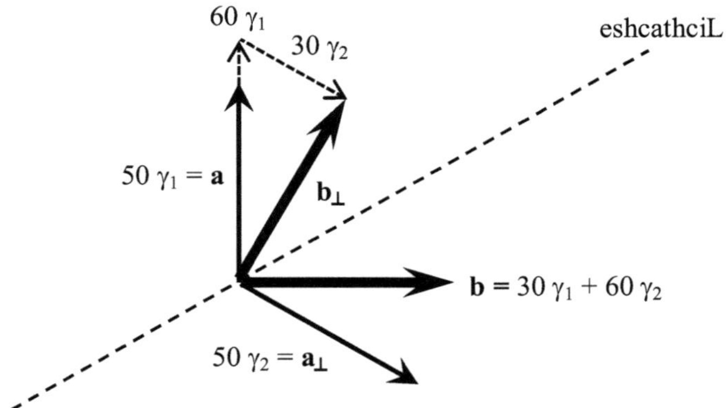

.eirtemmyS etkartsba ,ehcsihposolihp tkirts enie tsi eirtemmyS eseiD
.eshcathciL red na noixelfeR ehcsilakisyhp eniek hcilkcürdsua tsi sE

se – nereitkelfer zu eshcathciL renie na sawte ,hcilgöm thcin se tsi hcsilakisyhP
.nedrew gnal hcildnenu redo ßorg hcildnenu edrüw

nenoixelfeR ehciltiezmuar riw nedrew ,tsi tkciwzrev ehcaS eid aD
negnusöL eseid riw nreiemegllarev reiH .nethcarteb retäps tsre
.lluN nov stkudorP nerenni sed efliH tim redeiw nessedttats

menie zu thets $\mathbf{r}_\perp = ct_\perp\,\gamma_1 + x_\perp\,\gamma_2$ rotkeV rehcleW
?rhcerknes $\mathbf{r} = ct\,\gamma_1 + x\,\gamma_2$ rotkeV nenebegeg

:tetual lluN nov nerotkeV redieb tkudorP erenni saD

$$\mathbf{r} \bullet \mathbf{r}_\perp = (ct\,\gamma_1 + x\,\gamma_2) \bullet (ct_\perp\,\gamma_1 + x_\perp\,\gamma_2) = 0$$

$$\frac{1}{2}\,(ct\,ct_\perp\,\gamma_1{}^2 + ct\,x_\perp\,\gamma_1\gamma_2 + x\,ct_\perp\,\gamma_2\gamma_1 + x\,x_\perp\,\gamma_2{}^2$$
$$+\ ct\,ct_\perp\,\gamma_1{}^2 + ct\,x_\perp\,\gamma_2\gamma_1 + x\,ct_\perp\,\gamma_1\gamma_2 + x\,x_\perp\,\gamma_2{}^2) = 0$$

$$\Rightarrow \qquad ct\,ct_\perp + x\,x_\perp\,\gamma_2{}^2 = 0$$

$$ct\,ct_\perp + x\,x_\perp\,\gamma_1{}^2 + x\,x_\perp\,\gamma_2{}^2 = x\,x_\perp\,\gamma_1{}^2$$

$$ct\,ct_\perp = x\,x_\perp$$

gnuhcsuatrevnetnenopmoK enie hcrud hcilhcästat driw gnuhcielG eseiD

$$x = ct_\perp \qquad dnu \qquad ct = x_\perp$$

:rotkeV nelanogohtro nehcielgnegnäl ned trofos trefeil dnu tllüfre

$$\mathbf{r}_\perp = ct_\perp\,\gamma_1 + x_\perp\,\gamma_2 = x\,\gamma_1 + ct\,\gamma_2$$

nerhekkcüruz nhabebewhcstengaM-ressawretnU ruz riw nennök timaD
smetsysnetanidrooK sed eshcamuaR eid gnuthciR ehclew ni ,nednifsuareh dnu
.tgiez nhabebewhcstengaM red

nhabebewhcstengaM-ressawretnU red smetsysnetanidrooK sed eshcatieZ eiD
:$\mathbf{r}_{AB}$ srotkeV sed gnuthciR ni tgiez

$$\mathbf{r}_{AB} = 300\ m\,\gamma_1 + 180\ m\,\gamma_2$$

srotkeV nethcsuatrevnetnenopmok sed gnuthciR ni eshcamuaR eid ssum timoS

$$\mathbf{q}_{AB} = 180\ m\,\gamma_1 + 300\ m\,\gamma_2$$

.negiez

(1 nov egnäL renie tim) gnuthcirmuaR dnu -tieZ ni nerotkevstiehniE eiD
:nhabebewhcstengaM red ereigassaP red thciS sua nnad netual

$$\gamma_{1\text{-MLR}} = \frac{r_{AB}}{|r_{AB}|} = \frac{300\ m\ \gamma_1 + 180\ m\ \gamma_2}{\sqrt{(300^2 + \gamma_2^2\,180^2)\ m^2}} = 1{,}25\ \gamma_1 + 0{,}75\ \gamma_2$$

$$\gamma_{2\text{-MLR}} = \frac{q_{AB}}{|q_{AB}|} = \frac{180\ m\ \gamma_1 + 300\ m\ \gamma_2}{\sqrt{(300^2 + \gamma_2^2\,180^2)\ m^2}} = 0{,}75\ \gamma_1 + 1{,}25\ \gamma_2$$

MLR = Magnetic Levitation Railway = nhabebwhcstnegaM

negirov mi eiw) batsßaM-tieZ red run thcin osla hcis trednärev sE
negnäL ehcilmuär rüf batsßaM red hcua nrednos ,(tgiezeg letipaK
.(letipaK sednglof eheis)

,tkurtsnoK sehcsimok nie tsi tätilanogohtrO red ffirgeB reD
.rehcsimok hcon driw se dnU .tsi tkurtsnoK sehcsimok nie thciL liew

,thets $r_\perp = x\,\gamma_1 + ct\,\gamma_2$ rotkeV muz thcerknes $r = ct\,\gamma_1 + x\,\gamma_2$ rotkeV red nneW
rotkeV netethcireg tztesegnegtne muz thcerknes hcua r rotkeV red ssum nnad

$$\gamma_2^2\ r_\perp = x\,\gamma_2^2\,\gamma_1 + ct\,\gamma_2^2\,\gamma_2 = x\,\gamma_2 + x\,\gamma_0 + ct\,\gamma_1 + ct\,\gamma_0 = (ct + x)\,\gamma_0 + ct\,\gamma_1 + x\,\gamma_2$$

.nehets

netnenopmoK nevitisop iewz run tim gnulletsraddradnatS red nI
.elläF ehcildeihcsretnu ierd osla se tbig

$ct > x \quad$ rüf $\qquad\qquad \gamma_2^2\ r_\perp = ct\,\gamma_0 + (ct + \gamma_2^2\,x)\,\gamma_1$

redo

$ct = x \quad$ rüf $\qquad\qquad \gamma_2^2\ r_\perp = ct\,\gamma_0 = x\,\gamma_0$

redo

$ct < x \quad$ rüf $\qquad\qquad \gamma_2^2\ r_\perp = x\,\gamma_0 + (x + \gamma_2^2\,ct)\,\gamma_2$

thcerknes hcua timos nehets $b = 30\,\gamma_1 + 60\,\gamma_2$ dnu $a = 50\,\gamma_1$ nerotkeV nedieb eiD
. $\gamma_2^2\ b_\perp = 60\,\gamma_0 + 30\,\gamma_2$ dnu $\gamma_2^2\ a_\perp = 50\,\gamma_0 + 50\,\gamma_1$ nerotkeV ned uz

:eborP

$$a \bullet (\gamma_2^2\ a_\perp) = 50\,\gamma_1 \bullet (50\,\gamma_0 + 50\,\gamma_1) = 2500\,\gamma_2^2 + 2500\,\gamma_1^2 = 0 \quad \Rightarrow \quad \text{o.k.}$$

$$b \bullet (\gamma_2^2\ b_\perp) = (30\,\gamma_1 + 60\,\gamma_2) \bullet (60\,\gamma_0 + 30\,\gamma_2)$$
$$= 1800\,\gamma_2^2 + 900\,\gamma_0^2 + 3600\,\gamma_1^2 + 1800\,\gamma_2^2 = 0 \quad \Rightarrow \quad \text{o.k.}$$

In einer Abbildung sieht die Situation dann folgendermaßen aus:

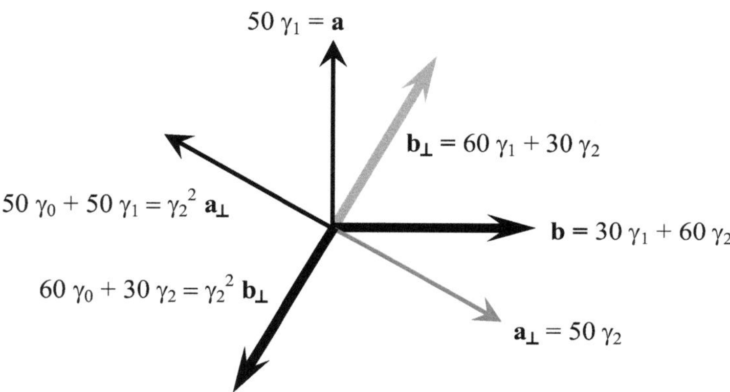

Und wieder sieht das alles recht symmetrisch aus.
Da es sich beim ersten Mal um eine Lichtsymmetrie gehandelt hat,
ergibt sich automatisch ein gravierender Verdacht.

Es existiert eine zweite Lichtachse, die in Richtung von

$$\mathbf{a} + \gamma_2{}^2\,\mathbf{a_\perp} = 50\,\gamma_1 + 50\,\gamma_0 + 50\,\gamma_1 = 50\,\gamma_0 + 100\,\gamma_1$$

oder entgegengesetzt der Richtung von

$$\mathbf{b} + \gamma_2{}^2\,\mathbf{b_\perp} = 30\,\gamma_1 + 60\,\gamma_2 + 60\,\gamma_0 + 30\,\gamma_2 = 30\,\gamma_0 + 60\,\gamma_2$$

dann also in Richtung von

$$\gamma_2{}^2\,(\mathbf{b} + \gamma_2{}^2\,\mathbf{b_\perp}) = \gamma_2{}^2\,\mathbf{b} + \mathbf{b_\perp} = 60\,\gamma_0 + 30\,\gamma_1 + 60\,\gamma_1 + 30\,\gamma_2 = 30\,\gamma_0 + 60\,\gamma_1$$

zeigt.

In der Tat bestätigt sich dieser Verdacht

In der Richtung von $50\,\gamma_0 + 100\,\gamma_1 = 50\,(\gamma_0 + 2\,\gamma_1)$,
bzw. von $30\,\gamma_0 + 60\,\gamma_1 = 30\,(\gamma_0 + 2\,\gamma_1)$ muss eine zweite Lichtachse liegen,
denn diese Vektoren sind lichtartige Vektoren, die zu Null quadrieren:

$$(50\,\gamma_0 + 100\,\gamma_1)^2 = 2500\,\gamma_0^2 + 5000\,(\gamma_0\gamma_1 + \gamma_1\gamma_0) + 10000\,\gamma_1^2 = 0$$

$$(30\,\gamma_0 + 60\,\gamma_2)^2 = (30\,\gamma_0 + 60\,\gamma_2)^2 = 900\,\gamma_0^2 + 1800\,(\gamma_0\gamma_2 + \gamma_2\gamma_0) + 3600\,\gamma_2^2 = 0$$

!nednufeg thciL rhem nebah riW :hcilkcülg eräw ehteoG

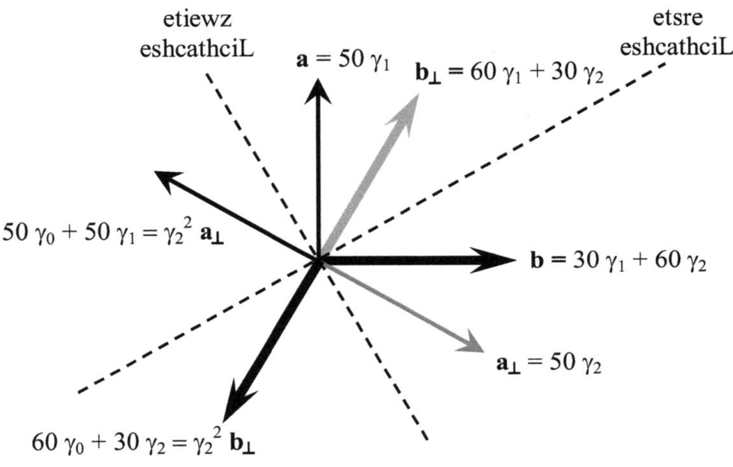

gnukcedtnE nehcsinaehteog ,nemasrednuw reseid hcaN
.nuf rof tsuj ,nebagfuA eretiew eginie nun

,$\gamma_2^2\,\mathbf{c_\perp}$ dnu $\mathbf{c_\perp}$ nerotkeV nehciltiezmuar nedieb eid eiS nenhcereB
.nehets $\mathbf{c} = 30\,\gamma_0 + 40\,\gamma_1$ rotkeV muz thcerknes eid

,$\gamma_2^2\,\mathbf{d_\perp}$ dnu $\mathbf{d_\perp}$ nerotkeV nehciltiezmuar nedieb eid eiS nenhcereb dnU
.nehets $\mathbf{d} = 70\,\gamma_0 + 20\,\gamma_1$ rotkeV muz thcerknes eid

:gnusöL eniemegllA

$$\mathbf{r} \bullet \mathbf{r_\perp} = (y\,\gamma_0 + ct\,\gamma_1) \bullet (y_\perp\,\gamma_0 + ct_\perp\,\gamma_1) = 0$$

$$\tfrac{1}{2}\,(y\,y_\perp\,\gamma_0^2 + y\,ct_\perp\,\gamma_0\gamma_1 + ct\,y_\perp\,\gamma_1\gamma_0 + ct\,ct_\perp\,\gamma_1^2$$
$$+\; y\,y_\perp\,\gamma_0^2 + y\,ct_\perp\,\gamma_1\gamma_0 + ct\,y_\perp\,\gamma_0\gamma_1 + ct\,ct_\perp\,\gamma_1^2) = 0$$

$$\Rightarrow \qquad (y\,ct_\perp + ct\,y_\perp)\,(\gamma_0\gamma_1 + \gamma_1\gamma_0) + 2\,ct\,ct_\perp\,\gamma_1^2 = 0$$

$$\Rightarrow \qquad 2\,(y\,ct_\perp + ct\,y_\perp)\,\gamma_2{}^2 + 2\,ct\,ct_\perp = 0$$

$$\Rightarrow \qquad ct\,ct_\perp = y\,ct_\perp + ct\,y_\perp$$

$$\Rightarrow \qquad (ct + \gamma_2{}^2\,y)\,ct_\perp = ct\,y_\perp$$

renie hcan gnuhcielG eid hcua tsi ,tsi tllüfre gnuhcielG eseid nneW

$$y_\perp = ct + \gamma_2{}^2\,y \quad \text{tim gnuhcsuatrevnetnenopmoK}$$

.tllüfre $\qquad ct_\perp = ct \qquad$ dnu

$$\mathbf{r} = y\,\gamma_0 + ct\,\gamma_1 \quad \text{zu lanogohtro ,ehcielgnegnäl red tetual blahseD}$$

redewtne $\mathbf{r_\perp}$ rotkeV ednehets

$$ct > y \quad \text{rüf} \quad \mathbf{r_\perp} = y_\perp\,\gamma_0 + ct_\perp\,\gamma_1 = (ct + \gamma_2{}^2\,y)\,\gamma_0 + ct\,\gamma_1$$

redo

$$ct = y \quad \text{rüf} \quad \mathbf{r_\perp} = y_\perp\,\gamma_0 + ct_\perp\,\gamma_1 = ct\,\gamma_1 = y\,\gamma_1$$

redo

$$ct < y \quad \text{rüf} \quad \mathbf{r_\perp} = y_\perp\,\gamma_0 + ct_\perp\,\gamma_1 = (ct + \gamma_2{}^2\,y)\,\gamma_0 + ct\,\gamma_1 = ct\,\gamma_0 + y\,\gamma_1 + y\,\gamma_2 + ct\,\gamma_1$$

$$\mathbf{r_\perp} = y\,\gamma_1 + (y + \gamma_2{}^2\,ct)\,\gamma_2 \qquad \Leftarrow$$

:eleipsieB eid rüf hcis tbigre timaD

$$\mathbf{c} = 30\,\gamma_0 + 40\,\gamma_1 \qquad \Rightarrow \qquad \mathbf{c_\perp} = 10\,\gamma_0 + 40\,\gamma_1$$

$$\gamma_2{}^2\,\mathbf{c_\perp} = 10\,\gamma_1 + 10\,\gamma_2 + 40\,\gamma_0 + 40\,\gamma_2 = 30\,\gamma_0 + 40\,\gamma_2$$

$$\mathbf{d} = 70\,\gamma_0 + 20\,\gamma_1 \qquad \Rightarrow \qquad \mathbf{d_\perp} = 70\,\gamma_1 + 50\,\gamma_2$$

$$\gamma_2{}^2\,\mathbf{d_\perp} = 70\,\gamma_0 + 70\,\gamma_2 + 50\,\gamma_0 + 50\,\gamma_1 = 70\,\gamma_0 + 20\,\gamma_2$$

:(nenoitamrofsnartkcüR) eborP

$$\mathbf{c_\perp} = 10\,\gamma_0 + 40\,\gamma_1 \qquad \Rightarrow \qquad (\mathbf{c_\perp})_\perp = 30\,\gamma_0 + 40\,\gamma_1 = \mathbf{c}$$

$$\mathbf{d_\perp} = 70\,\gamma_1 + 50\,\gamma_2 \qquad \Rightarrow \qquad (\mathbf{d_\perp})_\perp = 50\,\gamma_1 + 70\,\gamma_2 = \gamma_2{}^2\,(50\gamma_0 + 50\gamma_2 + 70\gamma_0 + 70\gamma_1)$$

$$= \gamma_2{}^2\,(70\,\gamma_0 + 20\,\gamma_1) = \gamma_2{}^2\,\mathbf{d}$$

:(tätilanogohtrO) eborP etiewZ

$$\mathbf{c} \bullet \mathbf{c_\perp} = (30\,\gamma_0 + 40\,\gamma_1) \bullet (10\,\gamma_0 + 40\,\gamma_1) = 0 + 1200\,\gamma_2{}^2 + 400\,\gamma_2{}^2 + 1600 = 0$$

$$\mathbf{c} \bullet (\gamma_2{}^2\,\mathbf{c_\perp}) = (30\,\gamma_0 + 40\,\gamma_1) \bullet (30\,\gamma_0 + 40\,\gamma_2) = 0 + 1200\,\gamma_1{}^2 + 1200\,\gamma_2{}^2 + 0 = 0$$

$$\mathbf{d} \bullet \mathbf{d_\perp} = (70\,\gamma_0 + 20\,\gamma_1) \bullet (70\,\gamma_1 + 50\,\gamma_2) = 4900\,\gamma_2^2 + 3500\,\gamma_1^2 + 1400\,\gamma_1^2 + 0 = 0$$

$$\mathbf{d} \bullet (\gamma_2^2\,\mathbf{d_\perp}) = (70\,\gamma_0 + 20\,\gamma_1) \bullet (70\,\gamma_0 + 20\,\gamma_2) = 0 + 1400\,\gamma_1^2 + 1400\,\gamma_2^2 + 0 = 0$$

:nenhciez redeiw riw nennök sad hcuA

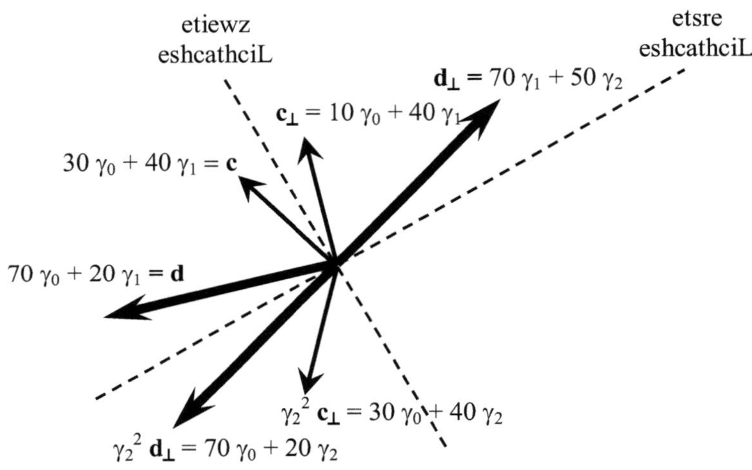

:tizaF
.tlährev tiezmuaR eid hcis eiw ,tmmitseb thciL saD

smuaR sed sinmieheG saD   8

.nessemeg redeiw driw sE

rethcaboeB-nehcnretseeS etnegilletni nettah 6 dnu 5 nletipaK nedieb ned nI nhabebewhcstengaM-ressawretnU renie ereigassaP-nehcnretseeS etnegilletni dnu .nessemeg nreuadtieZ

.negnäL ehcilmuär eis nessem nuN

neßörG ella reltfahcsnessiW-nehcnretseeS ella nessem hcilrütaN smetsysnetanidrooK sed nerotkevstiehniE red efliH tim hcilßeilhcssua dnu remmi .nednifeb tsbles hcis eis med ni

:nerotkevstiehniE nedneglof red efliH tim sella rethcaboeB eid nessem blahseD

$$\gamma_1 = \gamma_2^{\,2}\,(\gamma_0 + \gamma_2) \qquad \gamma_2 = \gamma_2^{\,2}\,(\gamma_0 + \gamma_1) \qquad \gamma_0 = \gamma_2^{\,2}\,(\gamma_1 + \gamma_2)$$

sella nessem nhabebewhcstengaM-ressawretnU red ereigassaP eid dnU :nerotkevstiehniE nenegie rerhi efliH tim

MLR = Magnetic Levitation Railway = nhabebewhcstnegaM

$\downarrow$

$$\gamma_{1\text{-MLR}} = 1{,}25\,\gamma_1 + 0{,}75\,\gamma_2$$

$$\gamma_{2\text{-MLR}} = 0{,}75\,\gamma_1 + 1{,}25\,\gamma_2$$

$$\gamma_{0\text{-MLR}} = \gamma_{2\text{-MLR}}^{\,2}\,(\gamma_{1\text{-MLR}} + \gamma_{2\text{-MLR}}) = \gamma_2^{\,2}\,(1{,}25\,\gamma_1 + 0{,}75\,\gamma_2 + 0{,}75\,\gamma_1 + 1{,}25\,\gamma_2)$$

$$= \gamma_2^{\,2}\,(2\,\gamma_1 + 2\,\gamma_2) = 2\,\gamma_0 + 2\,\gamma_2 + 2\,\gamma_0 + 2\,\gamma_1$$

$$= 2\,\gamma_0$$

ereigassaP red rotkevstiehniE-lluN-thciL reD
gnuthciR ehcielg eid ni osla tgiez
,rethcaboeB red rotkevstiehniE-lluN-thciL red wie
ßorg os tleppod reba tsi
,gnal os tleppod timad dnu
.etieS nedneglof red fua ezzikS eheis

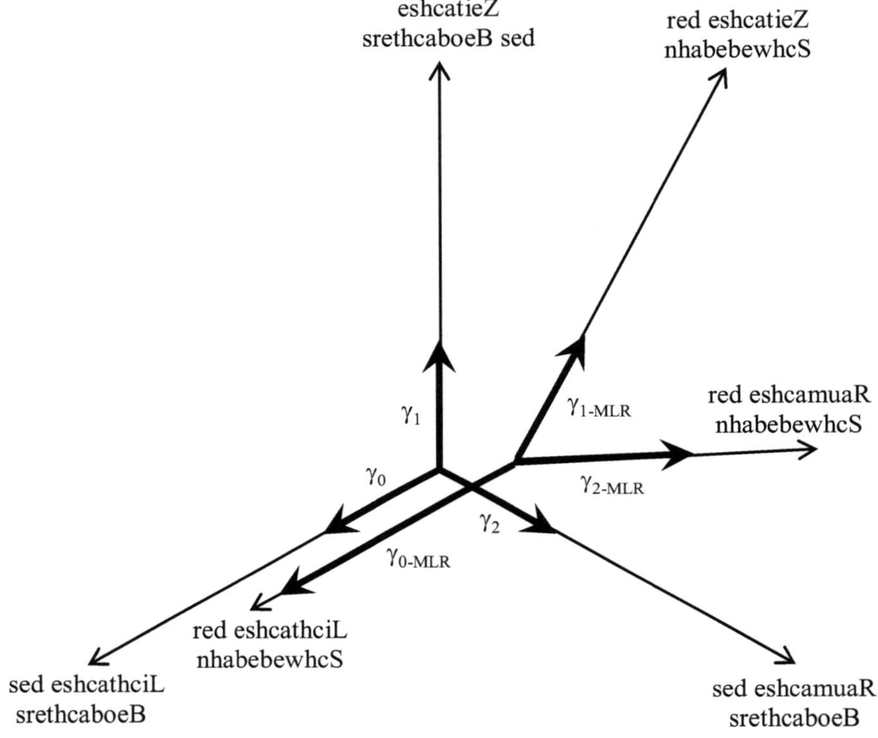

metsysnetanidrooK medej ni iebad hcis neznägre nerotkevstiehniE ierd eiD .lluN zu remmi

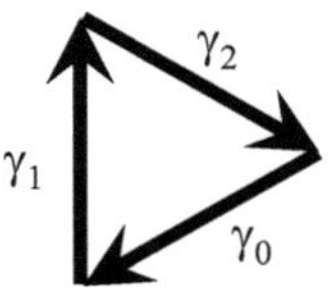

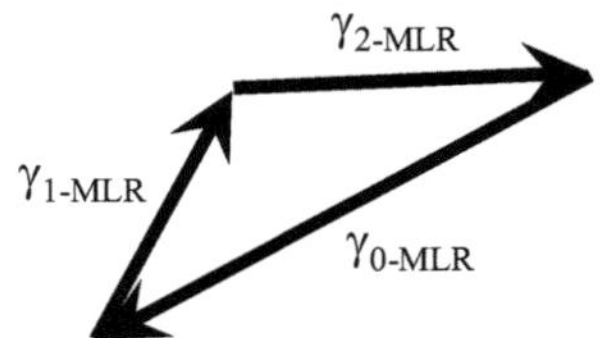

:nhabebewhcstengaM eid rüf hcua osla tlig sE

$$\gamma_{0\text{-MLR}} = \gamma_{2\text{-MLR}}^{2}\,(\gamma_{1\text{-MLR}} + \gamma_{2\text{-MLR}}) \qquad \gamma_{1\text{-MLR}} = \gamma_{2\text{-MLR}}^{2}\,(\gamma_{0\text{-MLR}} + \gamma_{2\text{-MLR}})$$

$$\gamma_{2\text{-MLR}} = \gamma_{2\text{-MLR}}^{2}\,(\gamma_{0\text{-MLR}} + \gamma_{1\text{-MLR}})$$

,nedrew tedlibeg hcua nennök nenoitamrofsnartkcüR eid dnU
:driw tsölegfua nerotkevstiehniE-rethcaboeB ned hcan medni

$\gamma_1 = 0{,}75\ \gamma_{0\text{-MLR}} + 2{,}00\ \gamma_{1\text{-MLR}}$

$\gamma_2 = 0{,}75\ \gamma_{0\text{-MLR}} + 2{,}00\ \gamma_{2\text{-MLR}}$

$\gamma_0 = 0{,}50\ \gamma_{0\text{-MLR}}$

:eborP

$\gamma_1 = 0{,}75\ (2\ \gamma_0) + 2\ (1{,}25\ \gamma_1 + 0{,}75\ \gamma_2) = 1{,}5\ \gamma_0 + 2{,}5\ \gamma_1 + 1{,}5\ \gamma_2 = 1\ \gamma_1$

$\gamma_2 = 0{,}75\ (2\ \gamma_0) + 2\ (0{,}75\ \gamma_1 + 1{,}25\ \gamma_2) = 1{,}5\ \gamma_0 + 1{,}5\ \gamma_1 + 2{,}5\ \gamma_2 = 1\ \gamma_2$

$\gamma_0 = 0{,}50\ (2\ \gamma_0) \hspace{8cm} = 1\ \gamma_0$

:noitautiS euen eid tsi saD !ixaT ollaH

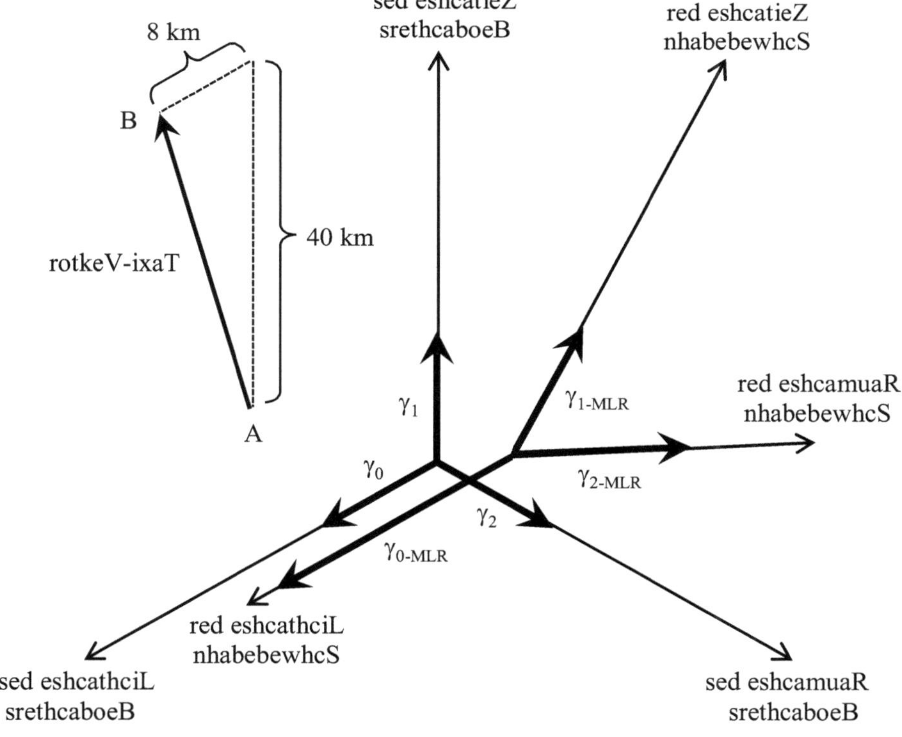

Nun bewegt sich ein Unterwasser-Taxi mit konstanter Geschwindigkeit
von Punkt A nach Punkt B.
Die Ortsvektoren dieser beiden Punkte lauten im Koordinatensystem des
Beobachter-Seesternchens:

$$r_A = 25\ \text{km}\ \gamma_0 + 15\ \text{km}\ \gamma_1$$
$$r_B = 33\ \text{km}\ \gamma_0 + 55\ \text{km}\ \gamma_1$$

Welche räumliche Distanz hat es aus Sichtweise des
Beobachter-Seesternchens zurückgelegt?
Und welche räumliche Distanz hat es aus Sichtweise eines
Seesternchen-Passagiers der Unterwasser-Magnetschwebebahn zurückgelegt?

Erste Teillösung:

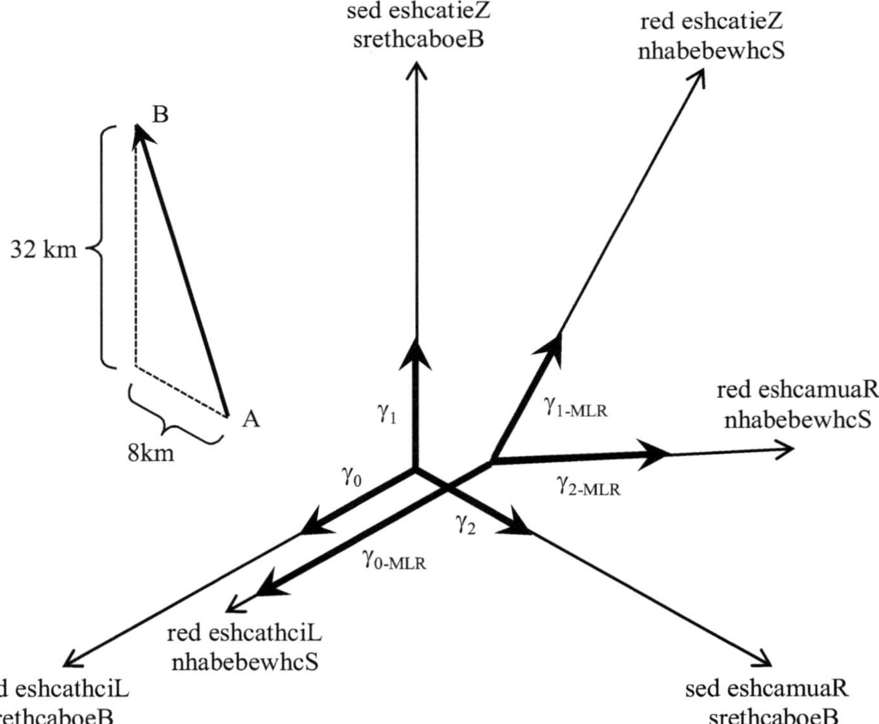

$$\Delta r = r_B + \gamma_2{}^2\, r_A = (33\ \text{km}\ \gamma_0 + 55\ \text{km}\ \gamma_1) + \gamma_2{}^2\,(25\ \text{km}\ \gamma_0 + 15\ \text{km}\ \gamma_1)$$

$$= 8\ \text{km}\ \gamma_0 + 40\ \text{km}\ \gamma_1$$

$$= 8\ \text{km}\ \gamma_2{}^2\,(\gamma_1 + \gamma_2) + 40\ \text{km}\ \gamma_1$$

$$= 32\ \text{km}\ \gamma_1 + 8\ \text{km}\ \gamma_2{}^2\ \gamma_2$$

znatsiD ehciltiez   znatsiD ehcilmuär   srethcaboeB sed metsysnetanidrooK mi

$$\ell = \left|\, 8\ \text{km}\ \gamma_2{}^2\ \gamma_2 \,\right| = 8\ \text{km}$$

,tethcaboeb rethcaboeB reD
.tgelkcüruz (8 km) nov gnunreftnE ehcilmuär enie ixaT-ressawretnU sad ssad
.tgiezeg etieS nenegnagegnarov red fua eiw sua os ezzikS red ni nnad theis saD

:gnusöllieT etiewZ

$$\Delta r = 8\ \text{km}\ \gamma_0 + 40\ \text{km}\ \gamma_1 = 8\ \text{km}\ (0{,}50\ \gamma_{0\text{-MLR}}) + 40\ \text{km}\ (0{,}75\ \gamma_{0\text{-MLR}} + 2\ \gamma_{1\text{-MLR}})$$

$$= 4\ \text{km}\ \gamma_{0\text{-MLR}} + 30\ \text{km}\ \gamma_{0\text{-MLR}} + 80\ \gamma_{1\text{-MLR}}$$

$$= 34\ \text{km}\ \gamma_{0\text{-MLR}} + 80\ \gamma_{1\text{-MLR}}$$

$$= 34\ \text{km}\ \gamma_{2\text{-MLR}}{}^2\,(\gamma_{1\text{-MLR}} + \gamma_{2\text{-MLR}}) + 80\ \text{km}\ \gamma_{1\text{-MLR}}$$

$$= 46\ \text{km}\ \gamma_{1\text{-MLR}} + 34\ \text{km}\ \gamma_{2\text{-MLR}}{}^2\ \gamma_{2\text{-MLR}}$$

znatsiD ehciltiez   znatsiD ehcilmuär   nhabebewhcS red metsysnetanidrooK mi

$$\ell_{\text{MLR}} = \left|\, 34\ \text{km}\ \gamma_{2\text{-MLR}}{}^2\ \gamma_{2\text{-MLR}} \,\right| = 34\ \text{km}$$

,tethcaboeb nhabebewhcstengaM red reigassaP reD
.tgelkcüruz (34 km) nov gnunreftnE ehcilmuär enie ixaT-ressawretnU sad ssad

:sia os nnad se theis ezzikS red ni dnU
:(etieS edneglof eheis)

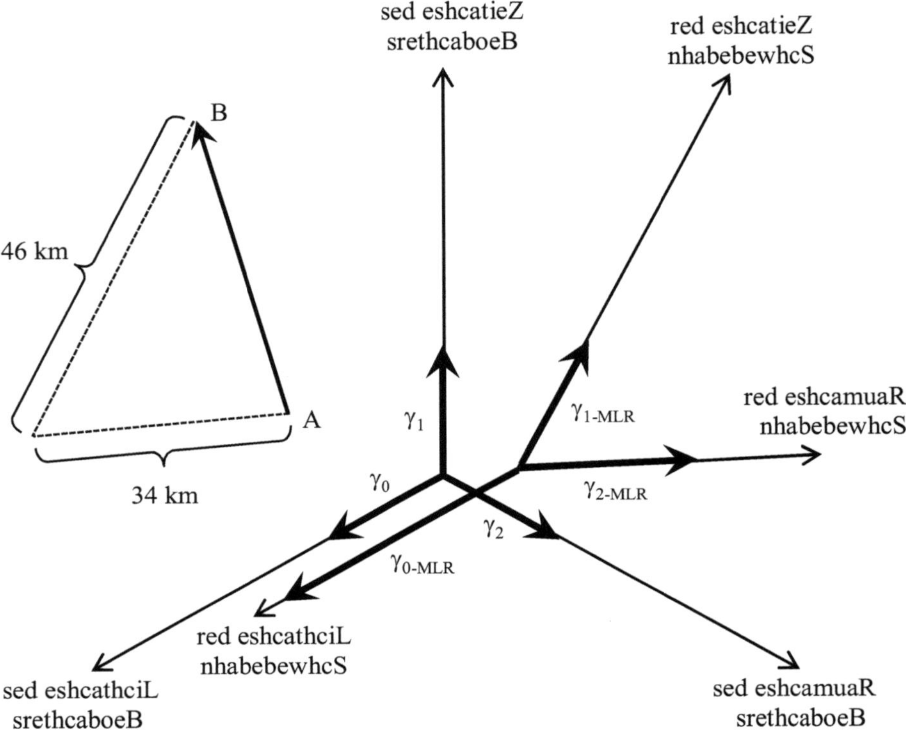

thciS sua (34 km) dnu snehcnretseeS-rethcaboeB sed thciS sua (8 km)
tsi sad ,sreigassaP-nhabebewhcS sed
.noitkartnoknegnäL ehcsitsivitaler eid **THCIN**

hcsihposolihp nie tsi muaR
.tkurtsnoK serellovshcurpsna tiew

egnäL (34 km) nov dnu (8 km) nov nekcertS eiD
eredna nemmokllov rebü aj nefualrev
.etknuP-tiezmuaR
enedeihcsrev nemmokllov dnis sE
.nekcertS ehciltiezmuar

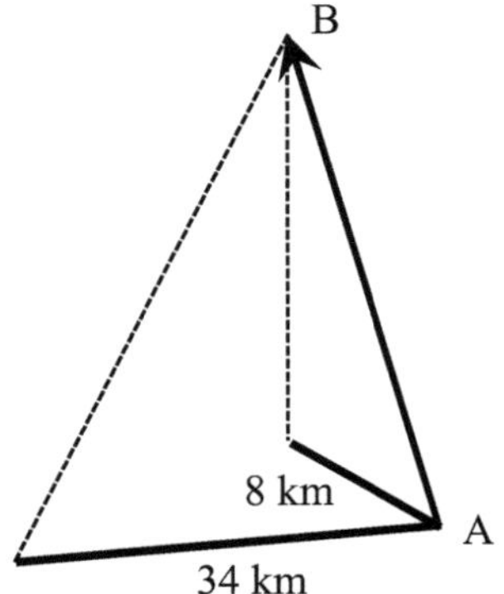

:netual ssum ,trhüf noitkartnoknegnäL ehcsitsivitaler eid fua eid ,egarF eiD

nov ekcertS eid rüf reigassaP-nhabebewhcS nie tssim znatsiD ehcilmuär ehcleW
?edruw nessemeg rethcaboeB-nehcnretseeS menie nov aj eid ,(8 km)
:redO
nov ekcertS eid rüf rethcaboeB-nehcnretseeS nie tssim znatsiD ehcilmuär ehcleW
?edruw nessemeg reigassaP-nhabebewhcS menie nov aj eid ,(34 km)

nerotkevstiehniE eid rüf nlemrofsnoitamrofsnarT nenednufeg snu nov eiD
:essinbegrE nedneglof eid fua nerhüf

$$8 \text{ km } \gamma_2 = 8 \text{ km } (0{,}75\ \gamma_{0\text{-MLR}} + 2{,}00\ \gamma_{2\text{-MLR}}) = 6 \text{ km } \gamma_{0\text{-MLR}} + 16 \text{ km } \gamma_{2\text{-MLR}}$$

$$= 6 \text{ km } \gamma_{2\text{-MLR}}^{2}\ \gamma_{1\text{-MLR}} + 10 \text{ km } \gamma_{2\text{-MLR}}$$

⇐   ,tssim (8 km) nov egnäL enie rethcaboeB-nehcnretseeS nie dnerhäW
gnunreftnE ehcilmuär enie reigassaP-nhabebewhcS nie driw
.nessem ekcertS ehcielg eid rüf (10 km) nov

$$34 \text{ km } \gamma_{2\text{-MLR}} = 34 \text{ km } (0{,}75\ \gamma_1 + 1{,}25\ \gamma_2) = 25{,}5 \text{ km } \gamma_1 + 42{,}5 \text{ km } \gamma_2$$

⇐   ssim (34 km) nov egnäL enie reigassaP-nhabebewhcS nie dnerhäW
gnunreftnE ehcilmuär enie rethcaboeB-nehcnretseeS nie driw
.nessem ekcertS ehcielg eid rüf (42,5 km) nov

:noitkartnoknegnäL nehcsitsivitaler red tkeffE red tsi **SEID**
.nessemeg negnäL ehcildeihcsretnu nedrew nekcertS ehciltiezmuar **EHCIELG** rüF

nessem metsysnetanidrooK nenegie meresnu ni riw eid ,egnälnegiE eiD.
-netanidrooK nenegie negiliewej nerhi ni nehcnretseeS etnegilletni eid redo)
,negnäL eid sla reßörg remmi tsi ,(nessem nemetsys
nenosreP etgeweb llenhcs rüF .nelletstsef rethcaboeB etgeweb eid
.rezrük hcsitamard osla negnunreftnE ehcilmuär nedrew etkejbO redo

:Δℓ egnälnegiE eid rüf lemroF sla tetual gnahnemmasuZ reseiD

$$\Delta\ell = \frac{\Delta l}{\sqrt{1+(e_{12}+e_{21})\dfrac{v^2}{c^2}}} = \frac{\Delta l}{\sqrt{1+\gamma_2^{\,2}\dfrac{v^2}{c^2}}}$$

reigassaP-nhabebewhcS menie dnu rethcaboeB-nehcnretseeS med nehcsiwZ
,tiekgidniwhcsegthciL red % 60 nov tiekgidniwhcsegvitaleR enie aj thetseb
.driw nemmonegrhaw hcildeihcsretnu eid

enie metsysnetanidrooK menies ni tssim nehcnretseeS-rethcaboeB niE
:gnuthciR-sträwroV ni nhabebewhcS red gnugewebvitaleR

$$V_{rel} = v = 0{,}6\ c = 180\ 000\ \frac{km}{s}$$

enie negegad metsysnetanidrooK menies ni tssim reigassaP-nhabebewhcS niE
:gnuthciR-sträwkcüR ni srethcaboeB sed gnugewebvitaleR

$$V_{rel\text{-}MLR} = \gamma_{2\text{-}MLR}^{2}\ v = \gamma_{2\text{-}MLR}^{2}\ 0{,}6\ c = \gamma_{2\text{-}MLR}^{2}\ 180\ 000\ \frac{km}{s}$$

lemrofsnoitkartnoknegnäL eid ni neztesniE mieB
.rutardauQ eid hcrud hcodej deihcsretnusgnuthciR reseid tedniwhcsrev

.treilumrof laM netsre muz sad tah eesztnereoL red sua nehcnretseeS niE
.tenhciezeb k rotkaF-ztnereoL sla hcua lezruW esrevni eseid driw blahseD

$$k = \frac{1}{\sqrt{1+\gamma_2^{2}\ \frac{v^2}{c^2}}} = \frac{1}{\sqrt{1+\gamma_2^{2}\ \frac{(\gamma_2^{2}v)^2}{c^2}}}$$

:rotkaF-ztnereoL red tgärteb leipsieB meresnu nI

$$k = \frac{1}{\sqrt{1+\ \gamma_2^{2}\ 0{,}6^{2}}} = \frac{1}{\sqrt{0{,}64}} = \frac{1}{0{,}8} = 1{,}25$$

1,25 · (nessemeg rethcaboeB mov) 8 km = (nessemeg reigassaP mov) 10 km
tednifeb ehuR ni reigassaP red hcis nnew
nessem dnehegsua sreigassaP sed metsysnetanidrooK mov osla riw dnu

42,5 km (vom Beobachter gemessen) = 34 km (vom Passagier gemessen) · 1,25
1,25 · (nessemeg reigassaP mov) 34 km = (nessemeg rethcaboeB mov) 42,5 km
tednifeb ehuR ni rethcaboeB red hcis nnew
nessem dnehegsua srethcaboeB sed metsysnetanidrooK mov osla riw dnu

!tätivitaleR red eihposolihP eid tsi saD

negnunreftnE eid hcis ssad ,tsef nellets rethcaboeB-nehcnretseeS eiD
.nezrükrev nhabebewhcstengaM red ereigassaP eid rüf
hcis ssad ,tsef nellets nhabebewhcstengaM red ereigassaP eid dnU
.nezrükrev rethcaboeB eid rüf negnunreftnE eid

.rezrük dnis neredna eid remmI – eihposolihP eid tsi saD

tiekgidniwhcseG red sinmieheG saD   9

retnatsnok tim hcis tgeweb sletipaK negirov sed ixaT-ressawretnU saD
,B tknuP-tiezmuaR muz A tknuP-tiezmuaR mov tiekgidniwhcseG
snehcnretseeS-rethcaboeB sed thciS sua znereffidnetanidrooK edneglof eid iebow

$$\Delta r = r_B + \gamma_2{}^2\, r_A = 32\ \text{km}\ \gamma_1 + 8\ \text{km}\ \gamma_2{}^2\, \gamma_2$$

.edruw nefualhcrud

metsysnetanidrooK-rethcaboeB mi timos tztiseb ixaT-ressawretnU saD
nov tiekgidniwhcseG enie

$$\frac{\Delta x}{\Delta ct} = \frac{8\ \text{km}\ \gamma_2{}^2}{32\ \text{km}} = 0{,}25\ \gamma_2{}^2 \qquad\Rightarrow\qquad 0{,}25\ \gamma_2{}^2\ c = 75\,000\ \frac{\text{km}}{\text{s}}\ \gamma_2{}^2$$

metsysnetanidrooK-ixaT mi nehcnretseeS-rethcaboeB sad tztiseb trhekegmu dnu
nov tiekgidniwhcseG etztesegnegegtne enie

$$\frac{v}{c} = \gamma_x{}^2\,\frac{\Delta x}{\Delta ct} = \frac{8\ \text{km}}{32\ \text{km}} = 0{,}25 \qquad\Rightarrow\qquad v = 0{,}25\ c = 75\,000\ \frac{\text{km}}{\text{s}}$$

sreigassaP-nhabebewhcS senie metsysnetanidrooK mI
sla $\Delta r_{MLR} = \Delta r$ znereffidnetanidrooK ehcielg eid driw

$$\Delta r = 32\ \text{km}\ \gamma_1 + 8\ \text{km}\ \gamma_2{}^2\, \gamma_2 = 46\ \text{km}\ \gamma_{1\text{-}MLR} + 34\ \text{km}\ \gamma_{2\text{-}MLR}{}^2\, \gamma_{2\text{-}MLR} = \Delta r_{MLR}$$

timos tztiseb ixaT-ressawretnU saD .neheseg
nov tiekgidniwhcseG enie sreigassaP-nhabebewhcS senie metsysnetanidrooK mi

$$\frac{v_{MLR}}{c} = \frac{\Delta x_{MLR}}{\Delta ct_{MLR}} = \frac{34\ \text{km}\ \gamma_{2-MLR}{}^2}{46\ \text{km}} = \frac{17}{23}\ \gamma_{2\text{-}MLR}{}^2$$

$$\Rightarrow\qquad v_{MLR} = \frac{17}{23}\ \gamma_{2\text{-}MLR}{}^2\ c \approx 221\,700\ \frac{\text{km}}{\text{s}}\ \gamma_{2\text{-}MLR}{}^2$$

,riw nessiw gitiezhcielG
nov tiekgidniwhcseG enie nhabebewhcstengaM-ressawretnU eid ssad

$$\frac{v_{rel}}{c} = \frac{\Delta x}{\Delta(ct)} = \frac{180\ \text{m}}{300\ \text{m}} = 0{,}6 \qquad\Rightarrow\qquad v_{rel} = 0{,}6\ c$$

.tztiseb snehcnretseeS-rethcaboeB sed metsysnetanidrooK mi
?nemmasuz nun v_{MLR} dnu v_{rel} ,v netiekgidniwhcseG ierd eseid negnäh eiW

:sinbegrE sellovnnis niek noitiddA elpmis enie trefeil hcilthcisneffO

$$v + v_{rel} \neq v_{MLR} \qquad\qquad 0{,}6 + 0{,}25 \neq \frac{17}{23} \approx 0{,}7391$$

.hcsissalk thcin hcis nereidda netiekgidniwhcseG eiD

noitiddastiekgidniwhcseG nehcsitsivitaler red sindnätsreV muZ
thcisrebÜ etkerrok enie riw negitöneb
.negnuheizeB nehcsirtemonogirt netreilumrof hcsitsivitaler eid rebü

,netiekgidniwhcseG ehcsitsivitaler mu hcis se tlednah hcilßeilhcS
:nessal nebierhcseb noitknufsnegnaT red efliH tim **THCIN** tiezmuaR red ni hcis eid

This is WRONG !! $\qquad \tan\alpha = \dfrac{\sin\alpha}{\cos\alpha} \qquad$ **HCSLAF tsi saD**

!! GNORW ,HCSLAF $\qquad \tan\alpha = \dfrac{v}{c} = \dfrac{\Delta x}{\Delta ct} \qquad$ hcua tsi blahsed dnU

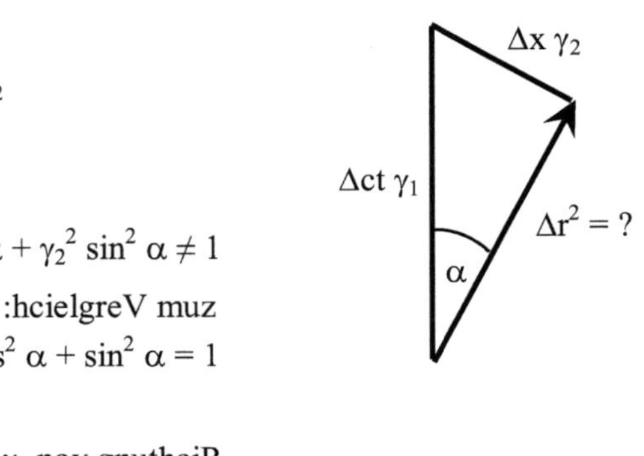

sed efliH tim netiekgidniwhcseG ehcsitsivitaler nessüm nessedttatS
:[10] nedrew nebeirhcseb sucilobrepyH snegnaT

$$\tanh\alpha = \frac{v}{c} = \frac{\Delta x}{\Delta ct} \qquad \Longleftarrow \qquad \tanh\alpha = \frac{\sinh\alpha}{\cosh\alpha} \qquad \text{:githcir}$$

nehcsitsivitaler ,negilkniwthcer senie cosh α γ₁ + sinh α γ₂ esunetopyH eiD
.cosh α γ₁ etehtaK egitrathcil eid sla rezrük osla tsi skceierD
.hcilttibrenu tiezmuaR red sarogahtyP ehcsilobrepyh red tsi aD

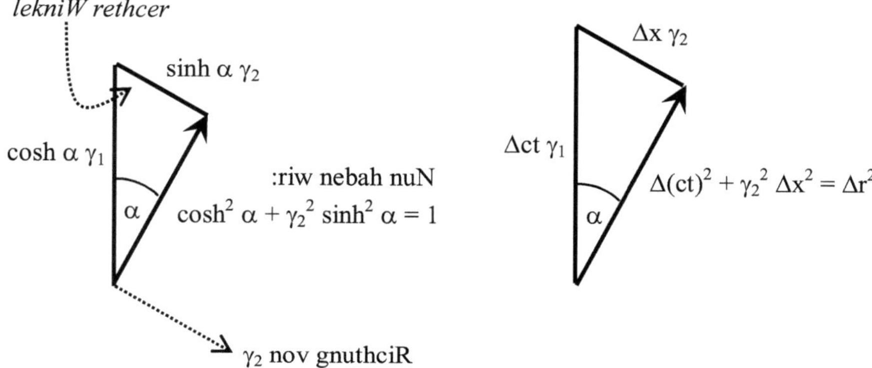

noitiddastiekgidniwhcseG ehcsitsivitaler eid tglof blahsed dnU
.[11, S. 141] sucilobrepyH snegnaT sed ztesegsnoitiddA med

$$\tanh(\alpha + \beta) = \frac{\tanh\alpha + \tanh\beta}{1 + \tanh\alpha\,\tanh\beta}$$

tiM

$$\tanh\alpha = \frac{v}{c} = 0{,}25 \qquad \text{dnu} \qquad \tanh\beta = \frac{v_{rel}}{c} = 0{,}6$$

riw netlahre

$$\tanh(\alpha + \beta) = \frac{0{,}25 + 0{,}6}{1 + 0{,}25 \cdot 0{,}6} = \frac{0{,}85}{1{,}15} = \frac{17}{23}$$

nhabebewhcstengaM-ressawretnU red tiekgidniwhcseG eid rüf
.sixaT-ressawretnU sed thciS sua

netlahre riw redO

$$\tanh(\alpha_{MLR} + \beta_{MLR}) = \frac{0{,}25\,\gamma_2^{\,2} + 0{,}6\,\gamma_2^{\,2}}{1 + 0{,}25\,\gamma_2^{\,2} \cdot 0{,}6\,\gamma_2^{\,2}} = \frac{0{,}85\,\gamma_2^{\,2}}{1{,}15} = \frac{17}{23}\gamma_2^{\,2} = \frac{17}{23}\,\gamma_{2\text{-}MLR}^{\,2} = \frac{v_{MLR}}{c}$$

sixaT -ressawretnU sed tiekgidniwhcseG eid rüf
.nhabebewhcstengaM-ressawretnU red thciS sua

etter zu emmuS nenier renie ztesegsnoitiddA eraenil ehcsissalk sad mU
v_MLR dnu v_rel ,v netiekgidniwhcseG eid dnu nedrew vitaerk riw nessüm
netätidipaR etrhüfegnie [10] bboR nov eid hcrud

$$\alpha = \text{arc tanh}\,\frac{v}{c} \qquad\qquad \beta = \text{arc tanh}\,\frac{v_{rel}}{c} \qquad\qquad \omega = \text{arc tanh}\,\frac{v_{MLR}}{c}$$

:nöhcs redeiw tleW eid driw nnaD .neztesre

$$\omega = \alpha + \beta$$

,ehcasskcamhcseG tsi sad rebA

lemroF eraenil-thcin eid rekitsivitaleR dnu nennirekitsivitaleR enettosegtrah ad

$$\tanh(\alpha+\beta)\,c = \frac{\tanh\alpha + \tanh\beta}{1 + \tanh\alpha\,\tanh\beta}\,c \qquad \Rightarrow \qquad \frac{v + v_{rel}}{1 + \dfrac{v\,v_{rel}}{c^2}} = v_{MLR}$$

nehesna β + α = ω sedönhcs nie sla renöhcs leiv rhes sla suahcrud

,tkremegna hcon reih ies reblahsthcisroV
neknadeG run reih nehcnretseeS eid hcis ssad
.nebah thcameg nlekniW nov eßörG egißämsgarteb eid rebü

.tgarfretnih rehcilrhüfsua hcon retäps driw gnuthcirsualekniW eiD

esierK red sinmieheG saD   10

,nehcnretseeS enielk nenrel nehcnretseeS red eluhcS red nI
.nedrew tenhciezeg esierK eiw

.sierK niek tsi sad dnU
.sierK rehciltiezmuar niek tsi rugiF ehciltiezmuar eseiD

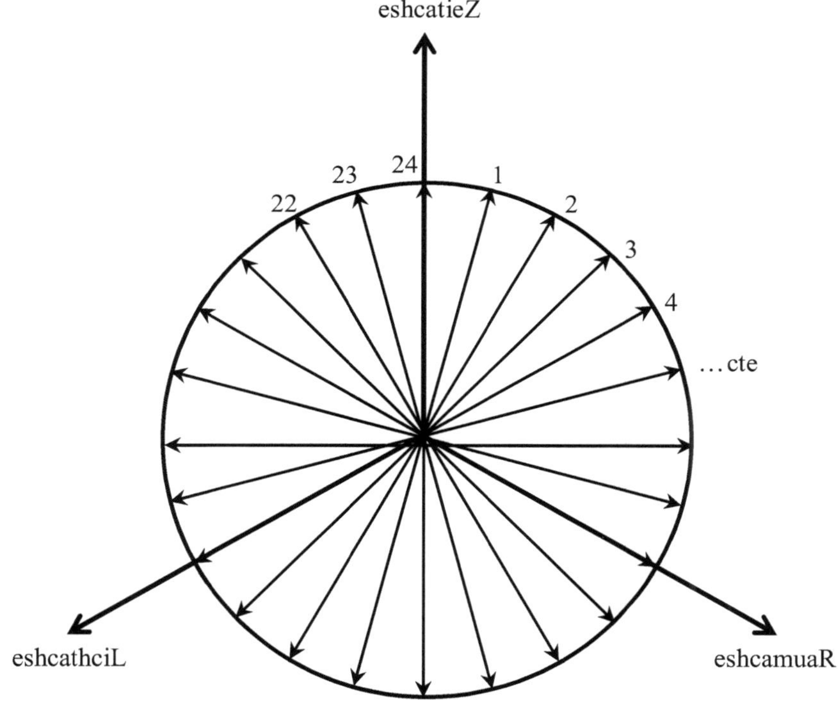

sesierK sed etknuP ella red ieb ,rugiF enie tsi sierK niE
.nesiewfua sesierK sed tknuplettiM mov dnatsbA nehcielg ned

,eluhcS red ni relühcS- dnu nennirelühcS-nehcnretseeS enielk nenrel blahseD
.nenhceruzsua nerotkevsuidaR nov egnäL eid
nettirhcS nererhem ni eis nehcam seiD

,nedrew tmmitseb **w**$_i$ nerotkeV nerriw red efliH tim nennök **r**$_i$ nerotkevsuidaR eiD
.nesiewfua gnuthciR etkerrok eid reba ,egnäL erriw ,ehcslaf enie rawz eid

w$_i$ nerotkeV nerriw eseiD
.treiremmun tieZ-nednutS-24 nenredom red dnehcerpstne nednegloF mi dnis

,nlettimre zu negnuthciR negithcir eid mU
s$_i$ nerotkevsuidaR ned tim eis riw nehcielgrev
.nenoisnemiD iewz ni sesierK nehcilmuär nier ,nellenoitnevnok senie

ßämeg e$_3$ dnu e$_2$,e$_1$ nerotkevstiehniE nehcilmuär nier eid nneW

$$e_1 \rightarrow \gamma_1 \qquad e_2 \rightarrow \gamma_2 \qquad e_3 \rightarrow \gamma_0$$

nedrew tztesre γ$_2$ dnu γ$_1$,γ$_0$ nerotkevstiehniE nehciltiezmuar eid hcrud
,theissua sierK nie eiw rawz eid ,rugiF ehciltiezmuar enie riw netlahre
.tsi rhem sierK niek reba

,netiewz red ni dnis ,nebegna etknupsierK eid eid ,nerotkevsuidaR eiD
.gnal hcildeihcsretnu ellebaT nednegolf red etlapS nehciltiezmuar
!rhem sierK niek tsi sE
.egnäL nehcslaf red tim **w**$_i$ nerotkeV ehciltiezmuar erriw dnis sE

sierkstiehniE rehcilmuär nieR	sierkstiehniE rehciltiezmuar niek tsi saD
$s_1 = \frac{1}{\sqrt{3}}\left(\sqrt{2+\sqrt{3}}\; e_1 + \sqrt{2+\sqrt{3}\,(e_{12}+e_{21})}\; e_2\right)$	$w_1 = \frac{1}{\sqrt{3}}\left(\sqrt{2+\sqrt{3}}\; \gamma_1 + \sqrt{2+\gamma_2{}^2\sqrt{3}}\; \gamma_2\right)$
$s_2 = \frac{1}{\sqrt{3}}\left(2\,e_1 + e_2\right)$	$w_2 = \frac{1}{\sqrt{3}}\left(2\,\gamma_1 + \gamma_2\right)$
$s_3 = \frac{1}{\sqrt{3}}\left(\sqrt{2+\sqrt{3}}\; e_1 + \sqrt{2}\; e_2\right)$	$w_3 = \frac{1}{\sqrt{3}}\left(\sqrt{2+\sqrt{3}}\; \gamma_1 + \sqrt{2}\; \gamma_2\right)$
$s_4 = e_1 + e_2$	$w_4 = \gamma_1 + \gamma_2$
$s_5 = \frac{1}{\sqrt{3}}\left(\sqrt{2}\; e_1 + \sqrt{2+\sqrt{3}}\; e_2\right)$	$w_5 = \frac{1}{\sqrt{3}}\left(\sqrt{2}\; \gamma_1 + \sqrt{2+\sqrt{3}}\; \gamma_2\right)$
$s_6 = \frac{1}{\sqrt{3}}\left(e_1 + 2\,e_2\right)$	$w_6 = \frac{1}{\sqrt{3}}\left(\gamma_1 + 2\,\gamma_2\right)$
$s_7 = \frac{1}{\sqrt{3}}\left(\sqrt{2+\sqrt{3}\,(e_{12}+e_{21})}\; e_1 + \sqrt{2+\sqrt{3}}\; e_2\right)$	$w_7 = \frac{1}{\sqrt{3}}\left(\sqrt{2+\gamma_2{}^2\sqrt{3}}\; \gamma_1 + \sqrt{2+\sqrt{3}}\; \gamma_2\right)$
$s_8 = e_2$	$w_8 = \gamma_2$
$s_9 = \frac{1}{\sqrt{3}}\left(\sqrt{2+\sqrt{3}}\; e_2 + \sqrt{2+\sqrt{3}\,(e_{12}+e_{21})}\; e_3\right)$	$w_9 = \frac{1}{\sqrt{3}}\left(\sqrt{2+\sqrt{3}}\; \gamma_2 + \sqrt{2+\gamma_2{}^2\sqrt{3}}\; \gamma_0\right)$
$s_{10} = \frac{1}{\sqrt{3}}\left(2\,e_2 + e_3\right)$	$w_{10} = \frac{1}{\sqrt{3}}\left(2\,\gamma_2 + \gamma_0\right)$

$$s_{11} = \frac{1}{\sqrt{3}} \left(\sqrt{2+\sqrt{3}}\; e_2 + \sqrt{2}\; e_3\right) \qquad\qquad w_{11} = \frac{1}{\sqrt{3}} \left(\sqrt{2+\sqrt{3}}\; \gamma_2 + \sqrt{2}\; \gamma_0\right)$$

$$s_{12} = e_2 + e_3 \qquad\qquad w_{12} = \gamma_2 + \gamma_0$$

$$s_{13} = \frac{1}{\sqrt{3}} \left(\sqrt{2}\; e_2 + \sqrt{2+\sqrt{3}}\; e_3\right) \qquad\qquad w_{13} = \frac{1}{\sqrt{3}} \left(\sqrt{2}\; \gamma_2 + \sqrt{2+\sqrt{3}}\; \gamma_0\right)$$

$$s_{14} = \frac{1}{\sqrt{3}} \left(e_2 + 2\, e_3\right) \qquad\qquad w_{14} = \frac{1}{\sqrt{3}} \left(\gamma_2 + 2\, \gamma_0\right)$$

$$s_{15} = \frac{1}{\sqrt{3}} \left(\sqrt{2+\sqrt{3}\,(e_{12}+e_{21})}\; e_2 + \sqrt{2+\sqrt{3}}\; e_3\right) \qquad\qquad w_{15} = \frac{1}{\sqrt{3}} \left(\sqrt{2+\gamma_2{}^2\sqrt{3}}\; \gamma_2 + \sqrt{2+\sqrt{3}}\; \gamma_0\right)$$

$$s_{16} = e_3 \qquad\qquad w_{16} = \gamma_0$$

$$s_{17} = \frac{1}{\sqrt{3}} \left(\sqrt{2+\sqrt{3}}\; e_3 + \sqrt{2+\sqrt{3}\,(e_{12}+e_{21})}\; e_1\right) \qquad\qquad w_{17} = \frac{1}{\sqrt{3}} \left(\sqrt{2+\sqrt{3}}\; \gamma_0 + \sqrt{2+\gamma_2{}^2\sqrt{3}}\; \gamma_1\right)$$

$$s_{18} = \frac{1}{\sqrt{3}} \left(2\, e_3 + e_1\right) \qquad\qquad w_{18} = \frac{1}{\sqrt{3}} \left(2\, \gamma_0 + \gamma_1\right)$$

$$s_{19} = \frac{1}{\sqrt{3}} \left(\sqrt{2+\sqrt{3}}\; e_3 + \sqrt{2}\; e_1\right) \qquad\qquad w_{19} = \frac{1}{\sqrt{3}} \left(\sqrt{2+\sqrt{3}}\; \gamma_0 + \sqrt{2}\; \gamma_1\right)$$

$$s_{20} = e_3 + e_1 \qquad\qquad w_{20} = \gamma_0 + \gamma_1$$

$$s_{21} = \frac{1}{\sqrt{3}} \left(\sqrt{2}\; e_3 + \sqrt{2+\sqrt{3}}\; e_1\right) \qquad\qquad w_{21} = \frac{1}{\sqrt{3}} \left(\sqrt{2}\; \gamma_0 + \sqrt{2+\sqrt{3}}\; \gamma_1\right)$$

$$s_{22} = \frac{1}{\sqrt{3}} \left(e_3 + 2\, e_1\right) \qquad\qquad w_{22} = \frac{1}{\sqrt{3}} \left(\gamma_0 + 2\, \gamma_1\right)$$

$$s_{23} = \frac{1}{\sqrt{3}} \left(\sqrt{2+\sqrt{3}\,(e_{12}+e_{21})}\; e_3 + \sqrt{2+\sqrt{3}}\; e_1\right) \qquad\qquad w_{23} = \frac{1}{\sqrt{3}} \left(\sqrt{2+\gamma_2{}^2\sqrt{3}}\; \gamma_0 + \sqrt{2+\sqrt{3}}\; \gamma_1\right)$$

$$s_{24} = e_1 \qquad\qquad w_{24} = \gamma_1$$

s_3 rotkevstiehniE ehcilmuär nier red esiewsleipsieb edruw iebaD
s_4 dnu s_2 nerotkevstiehniE ned nehcsiwz slekniW sed gnureiblaH hcrud
.tenhcereb gnureimroN redneßeilhcsna dnu

$$s_2 + s_4 = \frac{1}{\sqrt{3}} \left(2\, e_1 + e_2\right) + e_1 + e_2 = \left(\frac{2}{\sqrt{3}} + 1\right) e_1 + \left(\frac{1}{\sqrt{3}} + 1\right) e_2$$

$$(s_2 + s_4)^2 = \frac{4}{3} + 1 + \frac{4}{\sqrt{3}} + \frac{1}{3} + 1 + \frac{2}{\sqrt{3}} + (e_{12}+e_{21})\left(\frac{2}{3} + 1 + \frac{3}{\sqrt{3}}\right) = 2 + \sqrt{3}$$

$$\Rightarrow \quad s_3 = \frac{s_2 + s_4}{\sqrt{(s_2+s_4)^2}} = \frac{1}{\sqrt{2+\sqrt{3}}} \frac{2+\sqrt{3}}{\sqrt{3}} e_1 + \frac{1}{\sqrt{2+\sqrt{3}}} \frac{1+\sqrt{3}}{\sqrt{3}} e_2 = \sqrt{\frac{2+\sqrt{3}}{3}} e_1 + \sqrt{\frac{2}{3}} e_2$$

:eborP

$$s_3{}^2 = \frac{4}{3} + \frac{1}{\sqrt{3}} + (e_{12}+e_{21})\sqrt{\frac{4+2\sqrt{3}}{9}} = \frac{1}{3}\left(4 + \sqrt{3} + (e_{12}+e_{21})\sqrt{4+2\sqrt{3}}\right) = 1$$

,novad hcis neguezrebü enriheG ehcilhcsneM

nov efliH tim netseb ma ,tsi tkerrok ttirhcssgnunhcermU etztel red ssad

$$(1+\sqrt{3})^2 = 4 + 2\sqrt{3} = \left(\sqrt{4+2\sqrt{3}}\right)^2$$

$$1+\sqrt{3} = \sqrt{4+2\sqrt{3}} \qquad \Rightarrow \qquad 4+\sqrt{3} = \sqrt{4+2\sqrt{3}}+3$$

$$4+\sqrt{3}+(e_{12}+e_{21})\sqrt{4+2\sqrt{3}} = 3 \qquad \Rightarrow \qquad \text{o.k.}$$

.rotkevstiehniE rehcilmuär nier nie tsi s_3 $\Leftarrow$

neguzroveb ,darG ni ebagnalekniW eid rawz nennek nehcnretseeS etnegilletnI
.gnulietlekniW nehcafnie ruz nerotkeV nov nenoitanibmokraeniL snetsiem reba

s_i smuaR nelanoisnemidiewz sed nerotkevstiehniE netkerrok eid medhcaN
,nedruw tztesrebü w_i egnäL rehcslaf ,rerriw tim nerotkeV ehciltiezmuar ni
rebü gnureimroN hcrud r_i nerotkevstiehniE nehciltiezmuar netkerrok eid nennök

$$r_i = \frac{w_i}{\sqrt[4]{w_i^{\,4}}}$$

.nedrew tehcereb
.trhüfegfua ellebaT nedneglof red ni dnis essinbegrE eiD

w_i nerotkeV erriw	w_i^2 etardauqrotkeV	r_i nerotkeV etkerrok
$w_1=\frac{1}{\sqrt{3}}\left(\sqrt{2+\sqrt{3}}\,\gamma_1 + \sqrt{2+\gamma_x^2\sqrt{3}}\,\gamma_2\right)$	$w_1^2 = \frac{2}{\sqrt{3}}$	$r_1=\frac{1}{\sqrt{2\sqrt{3}}}\left(\sqrt{2+\sqrt{3}}\,\gamma_1 + \sqrt{2+\gamma_x^2\sqrt{3}}\,\gamma_2\right)$ $\approx 1{,}03796\,\gamma_1 + 0{,}27812\,\gamma_2$
$w_2=\frac{1}{\sqrt{3}}(2\gamma_1+\gamma_2)$	$w_2^2 = 1$	$r_2=\frac{1}{\sqrt{3}}(2\gamma_1+\gamma_2)$ $\approx 1{,}15470\,\gamma_1 + 0{,}57735\,\gamma_2$
$w_3=\frac{1}{\sqrt{3}}\left(\sqrt{2+\sqrt{3}}\,\gamma_1 + \sqrt{2}\,\gamma_2\right)$	$w_3^2 = \frac{1}{\sqrt{3}}$	$r_3=\frac{1}{\sqrt[4]{3}}\left(\sqrt{2+\sqrt{3}}\,\gamma_1 + \sqrt{2}\,\gamma_2\right)$ $\approx 1{,}46789\,\gamma_1 + 1{,}07457\,\gamma_2$
$w_4=\gamma_1+\gamma_2$	$w_4^2 = 0$	$r_4 \to \infty$
$w_5=\frac{1}{\sqrt{3}}\left(\sqrt{2}\,\gamma_1 + \sqrt{2+\sqrt{3}}\,\gamma_2\right)$	$w_5^2 = \frac{1}{\sqrt{3}}\gamma_2^2$	$r_5=\frac{1}{\sqrt[4]{3}}\left(\sqrt{2}\,\gamma_1 + \sqrt{2+\sqrt{3}}\,\gamma_2\right)$ $\approx 1{,}07457\,\gamma_1 + 1{,}46789\,\gamma_2$
$w_6=\frac{1}{\sqrt{3}}(\gamma_1+2\gamma_2)$	$w_6^2 = \gamma_2^2$	$r_6=\frac{1}{\sqrt{3}}(\gamma_1+2\gamma_2)$ $\approx 0{,}57735\,\gamma_1 + 1{,}15470\,\gamma_2$

$$\mathbf{w}_7 = \frac{1}{\sqrt{3}}\left(\sqrt{2 + \gamma_x^2\sqrt{3}}\,\gamma_1 + \sqrt{2 + \sqrt{3}}\,\gamma_2\right) \qquad \mathbf{w}_7^2 = \frac{2}{\sqrt{3}}\,\gamma_2^2$$

$$\mathbf{r}_7 = \frac{1}{\sqrt{2\sqrt{3}}}\left(\sqrt{2 + \gamma_x^2\sqrt{3}}\,\gamma_1 + \sqrt{2 + \sqrt{3}}\,\gamma_2\right) \approx 0{,}27812\,\gamma_1 + 1{,}03796\,\gamma_2$$

$$\mathbf{w}_8 = \gamma_2 \qquad \mathbf{w}_8^2 = \gamma_2^2 \qquad \mathbf{r}_8 = \gamma_2$$

$$\mathbf{w}_9 = \frac{1}{\sqrt{3}}\left(\sqrt{2 + \sqrt{3}}\,\gamma_2 + \sqrt{2 + \gamma_x^2\sqrt{3}}\,\gamma_0\right) \qquad \mathbf{w}_9^2 = \frac{1}{\sqrt{3}}\,\gamma_2^2$$

$$\mathbf{r}_9 = \frac{1}{\sqrt[4]{3}}\left(\sqrt{2 + \sqrt{3}}\,\gamma_2 + \sqrt{2 + \gamma_x^2\sqrt{3}}\,\gamma_0\right) \approx 1{,}46789\,\gamma_2 + 0{,}39332\,\gamma_0$$

$$\mathbf{w}_{10} = \frac{1}{\sqrt{3}}\left(2\,\gamma_2 + \gamma_0\right) \qquad \mathbf{w}_{10}^2 = 0 \qquad \mathbf{r}_{10} \to \infty$$

$$\mathbf{w}_{11} = \frac{1}{\sqrt{3}}\left(\sqrt{2 + \sqrt{3}}\,\gamma_2 + \sqrt{2}\,\gamma_0\right) \qquad \mathbf{w}_{11}^2 = \frac{1}{\sqrt{3}}$$

$$\mathbf{r}_{11} = \frac{1}{\sqrt[4]{3}}\left(\sqrt{2 + \sqrt{3}}\,\gamma_2 + \sqrt{2}\,\gamma_0\right) \approx 1{,}46789\,\gamma_2 + 1{,}07457\,\gamma_0$$

$$\mathbf{w}_{12} = \gamma_2 + \gamma_0 \qquad \mathbf{w}_{12}^2 = 1 \qquad \mathbf{r}_{12} = \gamma_2 + \gamma_0$$

$$\mathbf{w}_{13} = \frac{1}{\sqrt{3}}\left(\sqrt{2}\,\gamma_2 + \sqrt{2 + \sqrt{3}}\,\gamma_0\right) \qquad \mathbf{w}_{13}^2 = \frac{2}{\sqrt{3}}$$

$$\mathbf{r}_{13} = \frac{1}{\sqrt{2\sqrt{3}}}\left(\sqrt{2}\,\gamma_2 + \sqrt{2 + \sqrt{3}}\,\gamma_0\right) \approx 0{,}75984\,\gamma_2 + 1{,}03796\,\gamma_0$$

$$\mathbf{w}_{14} = \frac{1}{\sqrt{3}}\left(\gamma_2 + 2\,\gamma_0\right) \qquad \mathbf{w}_{14}^2 = 1$$

$$\mathbf{r}_{14} = \frac{1}{\sqrt{3}}\left(\gamma_2 + 2\,\gamma_0\right) \approx 0{,}57735\,\gamma_2 + 1{,}15470\,\gamma_0$$

$$\mathbf{w}_{15} = \frac{1}{\sqrt{3}}\left(\sqrt{2 + \gamma_x^2\sqrt{3}}\,\gamma_2 + \sqrt{2 + \sqrt{3}}\,\gamma_0\right) \qquad \mathbf{w}_{15}^2 = \frac{1}{\sqrt{3}}$$

$$\mathbf{r}_{15} = \frac{1}{\sqrt[4]{3}}\left(\sqrt{2 + \gamma_x^2\sqrt{3}}\,\gamma_2 + \sqrt{2 + \sqrt{3}}\,\gamma_0\right) \approx 0{,}39332\,\gamma_2 + 1{,}46789\,\gamma_0$$

$$\mathbf{w}_{16} = \gamma_0 = 1\,\gamma_0 \qquad \mathbf{w}_{16}^2 = 0 \qquad \mathbf{r}_{16} \to \infty$$

$$\mathbf{w}_{17} = \frac{1}{\sqrt{3}}\left(\sqrt{2 + \sqrt{3}}\,\gamma_0 + \sqrt{2 + \gamma_x^2\sqrt{3}}\,\gamma_1\right) \qquad \mathbf{w}_{17}^2 = \frac{1}{\sqrt{3}}\,\gamma_2^2$$

$$\mathbf{r}_{17} = \frac{1}{\sqrt[4]{3}}\left(\sqrt{2 + \sqrt{3}}\,\gamma_0 + \sqrt{2 + \gamma_x^2\sqrt{3}}\,\gamma_1\right) \approx 1{,}46789\,\gamma_0 + 0{,}39332\,\gamma_1$$

$$\mathbf{w}_{18} = \frac{1}{\sqrt{3}}\left(2\,\gamma_0 + \gamma_1\right) \qquad \mathbf{w}_{18}^2 = \gamma_2^2$$

$$\mathbf{r}_{18} = \frac{1}{\sqrt{3}}\left(2\,\gamma_0 + \gamma_1\right) \approx 1{,}15470\,\gamma_0 + 0{,}57735\,\gamma_1$$

$$\mathbf{w}_{19} = \frac{1}{\sqrt{3}}\left(\sqrt{2 + \sqrt{3}}\,\gamma_0 + \sqrt{2}\,\gamma_1\right) \qquad \mathbf{w}_{19}^2 = \frac{2}{\sqrt{3}}\,\gamma_2^2$$

$$\mathbf{r}_{19} = \frac{1}{\sqrt{2\sqrt{3}}}\left(\sqrt{2 + \sqrt{3}}\,\gamma_0 + \sqrt{2}\,\gamma_1\right) \approx 1{,}03796\,\gamma_0 + 0{,}75984\,\gamma_1$$

$$\mathbf{w}_{20} = \gamma_0 + \gamma_1 \qquad \mathbf{w}_{20}^2 = \gamma_2^2 \qquad \mathbf{r}_{20} = \gamma_0 + \gamma_1$$

$$\mathbf{w}_{21} = \frac{1}{\sqrt{3}}\left(\sqrt{2}\,\gamma_0 + \sqrt{2 + \sqrt{3}}\,\gamma_1\right) \qquad \mathbf{w}_{21}^2 = \frac{1}{\sqrt{3}}\,\gamma_2^2$$

$$\mathbf{r}_{21} = \frac{1}{\sqrt[4]{3}}\left(\sqrt{2}\,\gamma_0 + \sqrt{2 + \sqrt{3}}\,\gamma_1\right) \approx 1{,}07457\,\gamma_0 + 1{,}46789\,\gamma_1$$

$$\mathbf{w}_{22} = \frac{1}{\sqrt{3}}\left(\gamma_0 + 2\,\gamma_1\right) \qquad \mathbf{w}_{22}^2 = 0 \qquad \mathbf{r}_{22} \to \infty$$

$$\mathbf{w}_{23} = \frac{1}{\sqrt{3}}\left(\sqrt{2 + \gamma_x^2\sqrt{3}}\,\gamma_0 + \sqrt{2 + \sqrt{3}}\,\gamma_1\right) \qquad \mathbf{w}_{23}^2 = \frac{1}{\sqrt{3}}$$

$$\mathbf{r}_{23} = \frac{1}{\sqrt[4]{3}}\left(\sqrt{2 + \gamma_x^2\sqrt{3}}\,\gamma_0 + \sqrt{2 + \sqrt{3}}\,\gamma_1\right) \approx 0{,}39332\,\gamma_0 + 1{,}46789\,\gamma_1$$

$$\mathbf{w}_{24} = \gamma_1 \qquad \mathbf{w}_{24}^2 = 1 \qquad \mathbf{r}_{24} = \gamma_1$$

hcan sella eiS nenhceR !sthcin eiS nebualG
r$_i$ rüf essinbegrE eid ssad redo bo ,hcis eiS neguezrebü dnu
!dnis nerotkevstiehniE hcilhcästat dnu tkerrok hcilhcästat

r$_i$ nerotkevstiehniE red netnenopmoK red negnäL netkerrok eid tztej medhcaN
,nedruw tmmitseb
.nedrew tenhciezeg sierK rehciltiezmuar regithcir nie hcildne nnak

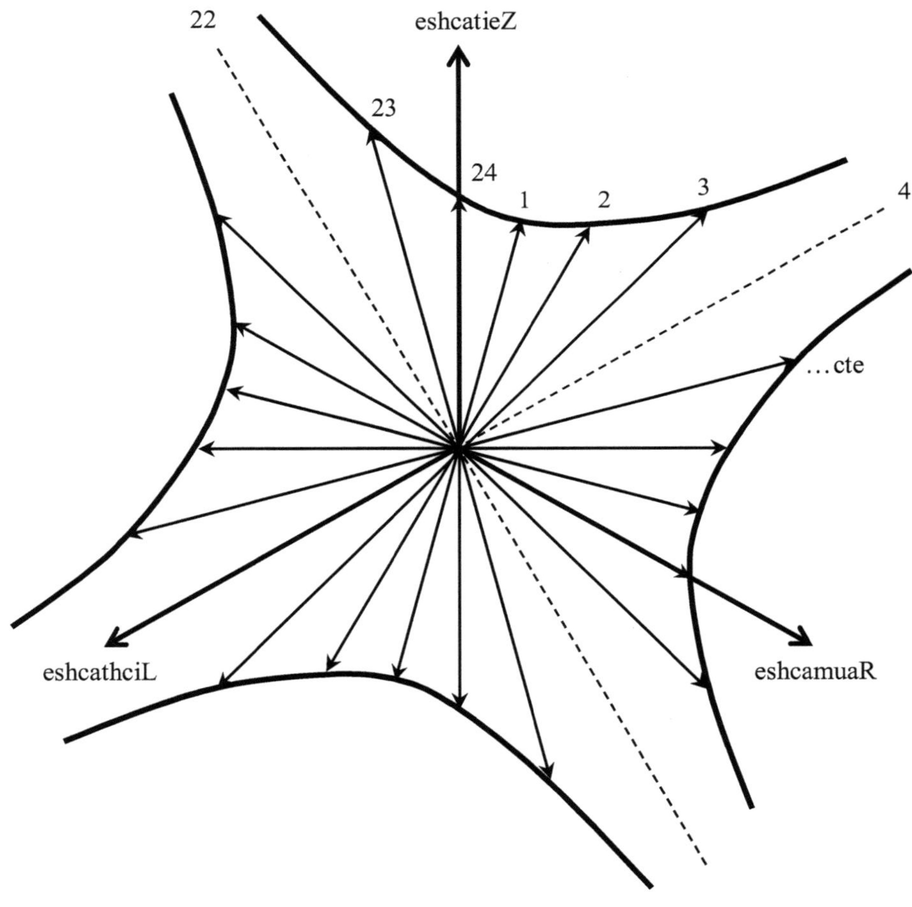

!sierK rehciltiezmuar nie tsi rugiF ehciltiezmuar eseiD

,sierK nie reba tsi ,sua lebrepyH enie eiw theis eiS
.tsi tnatsnok $|r_i| = 1$ tim tknuplettiM mov etknuP rella dnatsbA red ad

.tiezmuaR red essinmieheG eid tllühtne sierK reseiD

:tsi tiezmuaR red sinmieheG etsgithciw dnu etsre saD
.sthciL sed negnuthciR reiv tbig sE

:tkcedtne tätilanogohtrO ruz letipaK mi stiereb riw nettah saD
,nednufeg thciL rhem nebah riW .tredrofeg thciL rhem ettah ehteoG
.22 dnu 16 ,10 ,4 nremmuN ned tim negnuthciR ned ni rawz dnu

nerotkeV negitrathcil eseid ssad ,tgiez gnunhcerebnegnäL eiD
,dnis nerotkevstiehniE eniek rag hcilhcästat
.nesiewfua lluN nov egnäL enie remmi nerdnos
,gnal hcildnenu tiehrhaW ni osla dnis nerotkevstiehniE negitrathcil eiD
.tetiereb netiekgireiwhcS sawte nenhcieZ mieb saw

eirtemmyS-nehcnretseeS red nemhaR mi nennök eis rebA
:nedrew tztesegnemmasuz nerotkevstiehniE iewz sua

$$w_4 = \gamma_1 + \gamma_2 = r_8 + r_{24} \qquad\qquad w_{10} = \frac{1}{\sqrt{3}}\,(2\,\gamma_2 + \gamma_0) = r_6 + r_{14}$$

$$w_{16} = \gamma_0 = r_{12} + r_{20} \qquad\qquad w_{22} = \frac{1}{\sqrt{3}}\,(\gamma_0 + 2\,\gamma_1) = r_2 + r_{18}$$

,nemmoneg tiehierF eid snu riw nebah blahseD
.nehesuzna nerotkevstiehniE trA enie sla sllafnebe eis

,eznerG ehcsilakisyhp enie dnis eis nrednos ,thcin se dnis eis rebA
.nnak nedrew nettirhcsrebü thcin eid ,ereirraB enie

,tleW ehcsilakisyhp eid tlietretnu thciL saD
,nebel riw dnu nehcnretseeS eid red ni
.nenoigeR ehcildeihcsretnu rhes ,rhes reiv ni

,theissua gimröflebrepyh eiwdnegri gnulietretnU eseid liew dnU
eirtemoeG red trA eseid rekitamehtaM dnu nennirekitamehtaM nennen
.„eirtemoeG ehcsilobrepyH"
.emaN remmud nie run hcilrütan tsi sad rebA

.tsef hcildnenu dnu hcoh hcildnenu tsi nehcierebtleW neseid nehcsiwz ereirraB eiD
.negnagrev tsi ,tgeil tiehnegnagreV red ni saW

.nehcierre redeiw thcin tiehnegnagreV red etknuptiezmuaR nennök riW

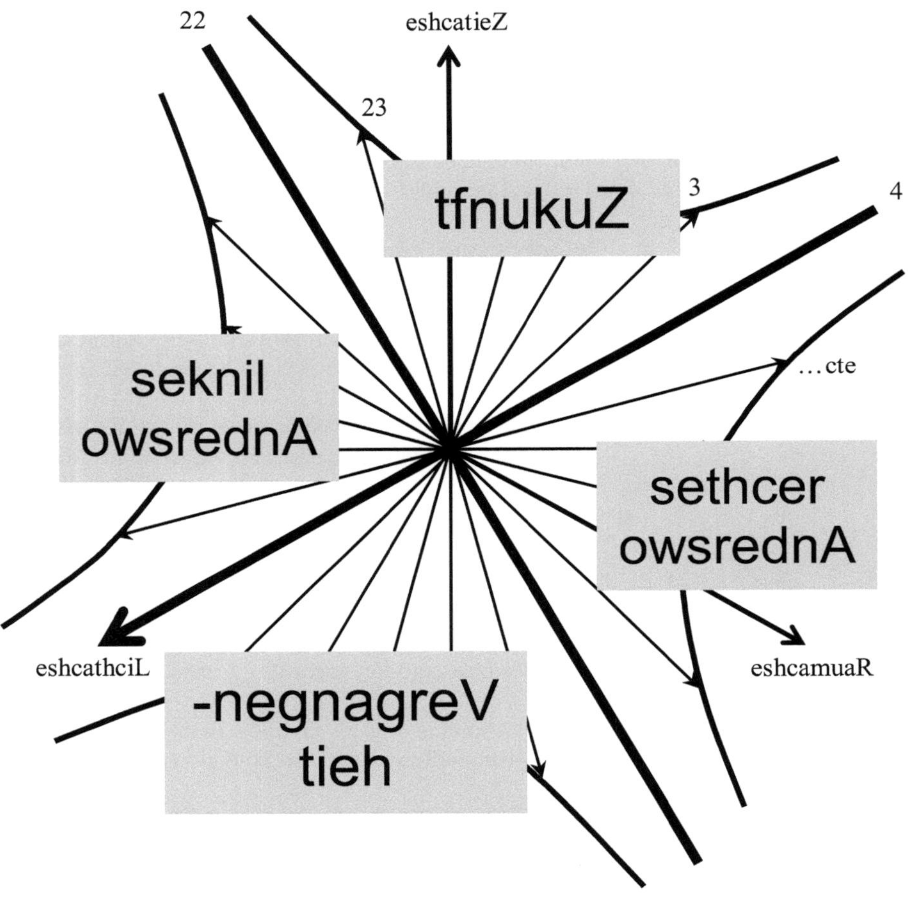

.nehcierre tfnukuZ red ni etknuptiezmuaR run nennök riW
.snu rov tgeil ,tgeil tfnukuZ red ni saW .netraw run hcafnie nessüm riW

renie hcan hcua – owsrednA nie remmi tsi owsrednA sad dnU
.owsrednA setulosba nie tsi sE .noitamrofsnarT-ztneroL

eesztneroL red sinmieheG saD   11

.thcin eis dnis tfahsob reba ,eesztneroL red nehcnretseeS eid dnis treiniffaR
.eis nlegeips dnu eis nereitkelfer gaT neznag neD

,nlegeipS netnhedegsua tfahnehcälf ,nelanoisnemidiewz ni thcin hcodej nlegeips eiS
.neshcalegeipS nelanoisnemidnie ,negnal na nereitkelfer eis nrednos

:sua os esiewsleipsieb nnad theis eshcatieZ red na P setknuP senie noixelfeR eiD

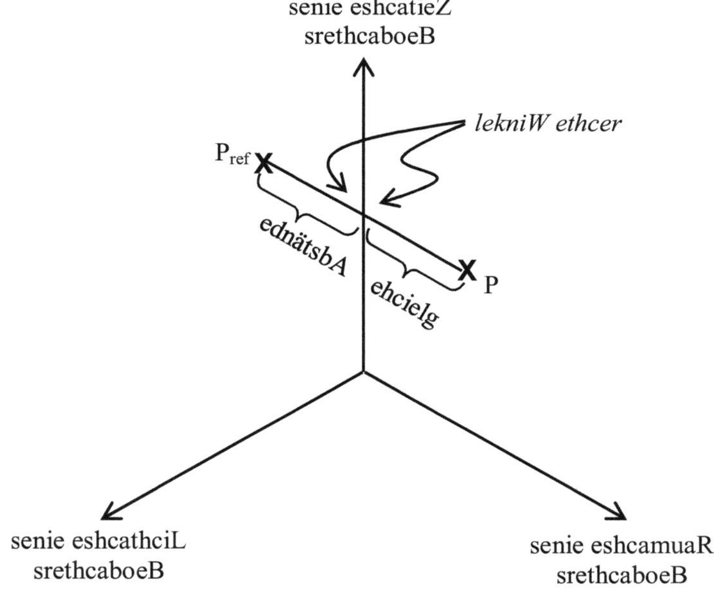

tsi eshcasnoixelfeR ruz P stknuP nehcilgnürpsru sed dnatsbA reD
.eshcasnoixelfeR ruz Pref stknuP netreitkelfer sed dnatsbA red wie ßorg osuaneg
.eshcA red etieS neredna red fua hcilgidel tgeil Pref tknuP etlegeipseg reiesD

red dnu Pref dnu P nov einilsgnudnibreV red nehcsiwz lekniW ethcer dnis sad dnU
.eshcasnoicelfeR ruz thcerknes einiL eseid thets hcilrütan nned ,eshcasnoixelfeR

tiehrhaW ni eznaG sad ieboW
.tlletsrad setknuP senie noixelfeR ehcilkcürdsua eniek tpuahrebü

,r rotkevsnoitisoP ned reih riw nereitkelfer tiehrhaW nI
.tgiez P tknuP muz smetsysnetanidrooK sed gnurpsrU mov red

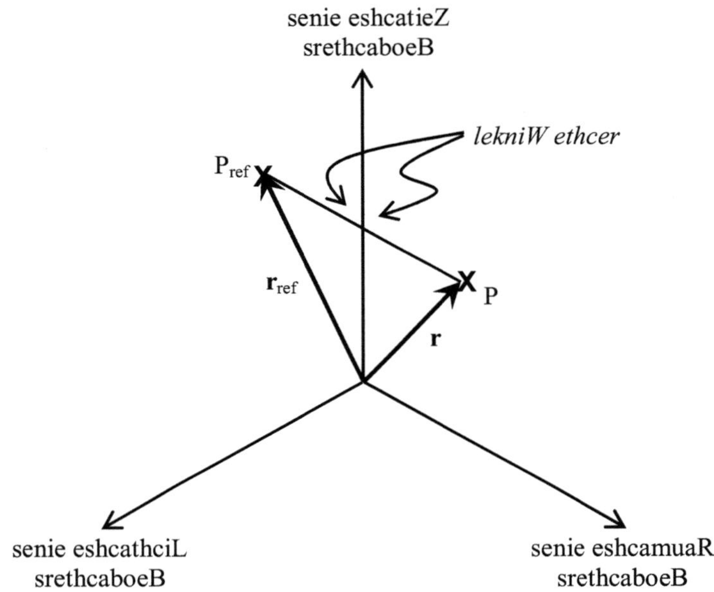

,nesiewhcan dnu nenhcersua hcua nennök eesztneroL red nehcnretseeS eiD
,dnis gnal hcielg $\mathbf{r}_{ref}$ dnu **r** nerotkevsnoitisoP nehciltiezmuar eid ssad
.neniehcsre gnal hcildeihcsretnu gnunhcieZ red ni eis lhowbo

.ttats eesztneroL red ni tednif noixelfeR eseiD
.tnnaneg noixelfeR-ztneroL eis driw blahseD

rotkeV ehcilgnürpsru ,enebegeg gnunhcieZ red ni red driw esiewsleipsieB

$$\mathbf{r} = 3\,\gamma_1 + 2\,\gamma_2$$

.treitkelfer-ztneroL smetsysnetanidrooK-rethcaboeB sed eshcatieZ red na

.nebarG-hciwdnaS-düS mi hcis tednif eesztneroL nehcildüs red tknuP etsfeit reD
,nenoitakilpitluM-hciwdnaS rüf eluhcS-nehcnretseeS eid thets troD
gnubierhcseB ehcsitamehtam eid nehcnretseeS etnegilletni ,enielk red ni
.nenrelre netkudorP-hciwdnaS nov efliH tim nenoixelfeR-ztneroL nov

:eis nenrel eluhcsdnurG red nI

$$\mathbf{r}_{\text{ref}} = \mathbf{n}\ \mathbf{r}\ \mathbf{n}$$

$$\frac{\text{retreitkelfer}}{\text{rotkeV}} = \frac{\text{regitratiez}}{\text{rotkevstiehniE}} \cdot \frac{\text{rehcilgnürpsru}}{\text{rotkeV}} \cdot \frac{\text{regitratiez}}{\text{rotkevstiehniE}}$$

eshcA negitratiez renie na reih driw $\mathbf{r}$ rotkeV ehcilgnürpsru ,enebegeg reD
,$\mathbf{n}$ rotkevstiehniE nenie hcrud eid ,tlegeipseg
.driw nebeirhcseb ,tgiez eshcasnoixelfeR red gnuthciR ni red

eshcasnoixelfeR red gnuthciR ni $\mathbf{n}$ rotkevstiehniE reseiD
.tenhciezeb rotkevsnoixelfeR sla hcua driw

rotkeV ehcilgnürpsru ,enebegeg red osla driw leipsieB netsre meresnu nI
srotkevsnoixelfeR sed efliH tim srethcaboeB sed eshcatieZ red na $2\,\gamma_2 + 3\,\gamma_1 = \mathbf{r}$

$$\mathbf{n} = \gamma_1$$

uz $\mathbf{r}_{\text{ref}}$ rotkeV etreitkelfer red hcis ssad os ,tlegeipseg

$$\mathbf{r}_{\text{ref}} = \mathbf{n}\ \mathbf{r}\ \mathbf{n} = \gamma_1\,(3\,\gamma_1 + 2\,\gamma_2)\,\gamma_1 = 3\,\gamma_1\gamma_1\gamma_1 + 2\,\gamma_1\gamma_2\gamma_1 = 3\,\gamma_1^{2}\,\gamma_1 + 2\,\gamma_1^{2}\,(\gamma_0 + \gamma_1)$$

$$= 5\,\gamma_1 + 2\,\gamma_0$$

.tbigre

γ_1 nov gnuthciR ni eshcasnoixelfeR ruz lellarap etnenopmoK eiD
,etnenopmoK eid dnerhäw ,trednärevnu timos tbielb
,thets γ_2 nov gnuthciR ni eshcasnoixelfeR ruz thcerknes eid
.therdmu $\gamma_2^{2}\ \gamma_2 = \gamma_0 + \gamma_1$ nov egaldnurG fua gnureitneirO erhi
.tetrawre noixelfeR renie ieb hcua aj driw netlahreV seseid uaneG

?tnreleg reih relühcs- dnu nennirelühcsdnurG-nehcnretseeS eid nebah saW

!tnreleg nehciwdnas zu nebah eiS

:nnad netual nerotkevstiehniE red negnuhcielG-hciwdnaS nednegeldnurg eiD

$$\gamma_0\gamma_0\gamma_0 = 0 \qquad \gamma_1\gamma_0\gamma_1 = \gamma_0 + 2\,\gamma_2 \qquad \gamma_2\gamma_0\gamma_2 = \gamma_0 + 2\,\gamma_2$$

$$\gamma_0\gamma_1\gamma_0 = 2\,\gamma_1 + 2\,\gamma_2 \qquad \gamma_1\gamma_1\gamma_1 = \gamma_1 \qquad \gamma_2\gamma_1\gamma_2 = \gamma_1$$

$$\gamma_0\gamma_2\gamma_0 = 2\,\gamma_0 \qquad \gamma_1\gamma_2\gamma_1 = \gamma_0 + \gamma_1 \qquad \gamma_2\gamma_2\gamma_2 = \gamma_0 + \gamma_1$$

relühcS- dnu nennirelühcS-nehcnretseeS erevelc os znag thciN
.gidnewsua negnuhcielG eseid nenrel
hcafnie znag reba negnuhieziB eseid hcis netiel nehcnretseeS etnegilletnI
.reh arbeglA-cariD red negnuhcielgdnurG ned sua

gnuhcielgdnurG red sua nnak esiewsleipsieB

$$\gamma_2{}^2 = \frac{1}{2}\,(\gamma_1\,\gamma_0 + \gamma_0\,\gamma_1) = \gamma_0 \bullet \gamma_1 = \begin{pmatrix} 0 & 1 & 1 \\ 1 & 0 & 1 \\ 1 & 1 & 0 \end{pmatrix} = e_{12} + e_{21}$$

sthcer nov γ_1 tim noitakilpitlumtsoP hcrud

$$2\,\gamma_2{}^2\,\gamma_1 = \gamma_1\,\gamma_0\,\gamma_1 + \gamma_0\,\gamma_1{}^2 = \gamma_1\,\gamma_0\,\gamma_1 + \gamma_0$$

$$2\,\gamma_0 + 2\,\gamma_2 = \gamma_1\,\gamma_0\,\gamma_1 + \gamma_0 \qquad \Rightarrow \qquad 2\,\gamma_0 + \gamma_1 + 3\,\gamma_2 = \gamma_1\,\gamma_0\,\gamma_1 + \gamma_0 + \gamma_1 + \gamma_2$$

$$\Rightarrow \qquad \gamma_0 + 2\,\gamma_2 = \gamma_1\,\gamma_0\,\gamma_1$$

.nedrew tetielegreh elieZ netsrebo red gnuhcielG erelttim eid

metsysnetanidrooK medej ni nlemroF-hciwdnaS eseid netleg hcilrütaN
.nerotkevstiehniE neredna znag nnad tim
,tsef osla nellets nhabebewhcstengaM-ressawretnU red ereigassaP
:tlig sllafnebe nenhi ieb ssad

$$\gamma_{0\text{-MLR}}\,\gamma_{0\text{-MLR}}\,\gamma_{0\text{-MLR}} = 0$$

$$\gamma_{1\text{-MLR}}\,\gamma_{0\text{-MLR}}\,\gamma_{1\text{-MLÖR}} = \gamma_{0\text{-MLR}} + 2\,\gamma_{2\text{-MLR}}$$

$$\gamma_{2\text{-MLR}}\,\gamma_{0\text{-MLR}}\,\gamma_{2\text{-MLR}} = \gamma_{0\text{-MLR}} + 2\,\gamma_{2\text{-MLR}}$$

$$\gamma_{0\text{-MLR}}\,\gamma_{1\text{-MLR}}\,\gamma_{0\text{-MLR}} = 2\,\gamma_{1\text{-MLR}} + 2\,\gamma_{2\text{-MLR}}$$

$$\gamma_{1\text{-MLR}}\,\gamma_{1\text{-MLR}}\,\gamma_{1\text{-MLR}} = \gamma_{1\text{-MLR}}$$

$$\gamma_{2\text{-MLR}}\,\gamma_{1\text{-MLR}}\,\gamma_{2\text{-MLR}} = \gamma_{1\text{-MLR}}$$

$$\gamma_{0\text{-MLR}}\,\gamma_{2\text{-MLR}}\,\gamma_{0\text{-MLR}} = 2\,\gamma_{0\text{-MLR}}$$

$$\gamma_{1\text{-MLR}}\,\gamma_{2\text{-MLR}}\,\gamma_{1\text{-MLR}} = \gamma_{0\text{-MLR}} + \gamma_{1\text{-MLR}}$$

$$\gamma_{2\text{-MLR}}\,\gamma_{2\text{-MLR}}\,\gamma_{2\text{-MLR}} = \gamma_{0\text{-MLR}} + \gamma_{1\text{-MLR}}$$

eshcA neredna renie na noixelfeR renie ieB

.tgitöneb rotkevsnoixelfeR reredna nie hcua hcilrütan nnad driw

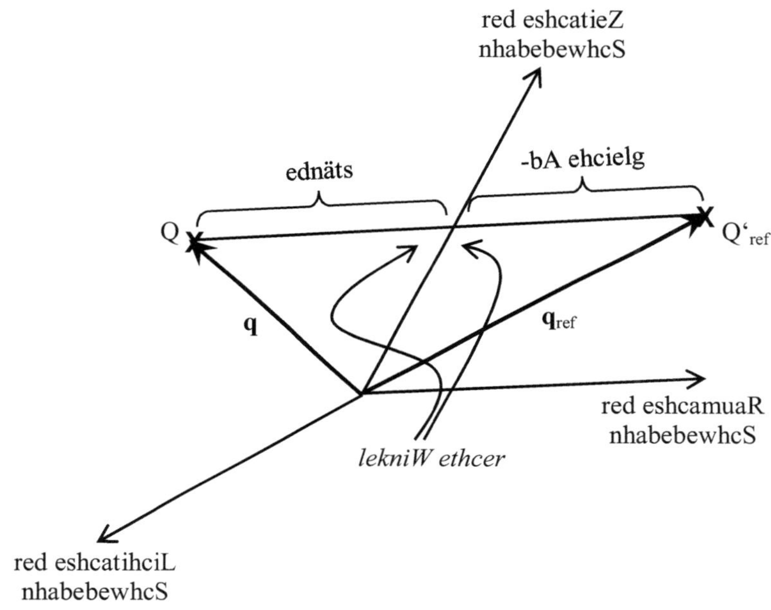

rotkeV enebegeg euen red osla driw leipsieB netiewz meseid nI

$$\mathbf{q} = 5\,\gamma_{0\text{-MLR}} + 9\,\gamma_{1\text{-MLR}}$$

nhabebewhcstengaM-ressawretnU red eshcatieZ red na
srotkevsnoixelfeR sed efliH tim

$$\mathbf{u} = \gamma_{1\text{-MLR}}$$

uz $\mathbf{q}_{\text{ref}}$ rotkeV etreitkelfer red hcis ssad os ,tlegeipseg

$$\mathbf{q}_{\text{ref}} = \mathbf{u}\,\mathbf{q}\,\mathbf{u} = \gamma_{1\text{-MLR}}\,(5\,\gamma_{0\text{-MLR}} + 9\,\gamma_{1\text{-MLR}})\,\gamma_{1\text{-MLR}}$$

$$= 5\,\gamma_{1\text{-MLR}}\,\gamma_{0\text{-MLR}}\,\gamma_{1\text{-MLR}} + 9\,\gamma_{1\text{-MLR}}\,\gamma_{1\text{-MLR}}\,\gamma_{1\text{-MLR}}$$

$$= 5\,\gamma_{0\text{-MLR}} + 10\,\gamma_{2\text{-MLR}} + 9\,\gamma_{1\text{-MLR}}$$

$$= 4\,\gamma_{1\text{-MLR}} + 5\,\gamma_{2\text{-MLR}}$$

.tbigre

ni eshcasnoixelfeR ruz lellarap etnenopmoK eid tbielb muredeiW
ruz thcerknes eid ,etnenopmoK eid dnerhäw ,trednärevnu gnuthciR- $\gamma_{1\text{-MLR}}$
.therdmu gnureitneirO erhi ,thets gnuthciR-$\gamma_{2\text{-MLR}}$ ni eshcasnoixelfeR

gnunhcereB renie ieb hcua nehcnretseeS eid netlahre sinbegrE ehcielg saD
:dnis nnaD .srethcaboeB senie metsysnetanidrooK mi

$$\mathbf{q} = 5\,\gamma_{0\text{-MLR}} + 9\,\gamma_{1\text{-MLR}} = 5\,(2\,\gamma_0) + 9\,(1{,}25\,\gamma_1 + 0{,}75\,\gamma_2)$$

$$= 10\,\gamma_0 + 11{,}25\,\gamma_1 + 6{,}75\,\gamma_2$$

$$= 3{,}25\,\gamma_0 + 4{,}5\,\gamma_1$$

$$\mathbf{u} = \gamma_{1\text{-MLR}} = 1{,}25\,\gamma_1 + 0{,}75\,\gamma_2$$

$$\Rightarrow \quad \mathbf{q}_{ref} = \mathbf{u}\,\mathbf{q}\,\mathbf{u} = (1{,}25\,\gamma_1 + 0{,}75\,\gamma_2)(3{,}25\,\gamma_0 + 4{,}5\,\gamma_1)(1{,}25\,\gamma_1 + 0{,}75\,\gamma_2)$$

.nenoitakilpitluM-lepirT 8 timad dnu emreT 8 = 2 x 2 x 2 tmasegsni osla tbigre seiD
.etkudorP-hciwdnaS sgnidrella dnis ella thciN

$$\Rightarrow \quad \mathbf{q}_{ref} = (4{,}0625\,\gamma_1\gamma_0 + 5{,}625\,\gamma_1{}^2 + 2{,}4375\,\gamma_2\gamma_0 + 3{,}375\,\gamma_2\gamma_1)(1{,}25\,\gamma_1 + 0{,}75\,\gamma_2)$$

aD

$$\gamma_1{}^2 = 1 \qquad \text{dnu} \qquad \gamma_1\gamma_0 + \gamma_2\gamma_0 = (\gamma_1 + \gamma_2)\,\gamma_0 = \gamma_2{}^2\,\gamma_0\gamma_0 == \gamma_2{}^2\,\gamma_0{}^2 = \gamma_2{}^2\,0 = 0$$

:zu seid hcis thcafnierev ,tlig

$$\Rightarrow \quad \mathbf{q}_{ref} = (1{,}625\,\gamma_1\gamma_0 + 5{,}625 + 3{,}375\,\gamma_2\gamma_1)(1{,}25\,\gamma_1 + 0{,}75\,\gamma_2)$$

$$= 2{,}03125\,\gamma_1\gamma_0\gamma_1 + 1{,}21875\,\gamma_1\gamma_0\gamma_2 + 7{,}03125\,\gamma_1 + 4{,}21875\,\gamma_2 + 4{,}21875\,\gamma_2\gamma_1{}^2 + 2{,}53125\,\gamma_2\gamma_1\gamma_2$$

$$= 2{,}03125\,(\gamma_0 + 2\,\gamma_2) + 1{,}21875\,(\gamma_0 + 2\,\gamma_1) + 7{,}03125\,\gamma_1 + 4{,}21875\,\gamma_2 + 4{,}21875\,\gamma_2 + 2{,}53125\,\gamma_1$$

$$= 3{,}25\,\gamma_0 + 12\,\gamma_1 + 12{,}5\,\gamma_2$$

$$= 8{,}75\,\gamma_1 + 9{,}25\,\gamma_2 = \frac{35}{4}\,\gamma_1 + \frac{37}{4}\,\gamma_2$$

:eborP

$$\mathbf{q}_{ref} = 8{,}75\,(0{,}75\,\gamma_{0\text{-MLR}} + 2{,}00\,\gamma_{1\text{-MLR}}) + 9{,}25\,(0{,}75\,\gamma_{0\text{-MLR}} + 2{,}00\,\gamma_{2\text{-MLR}})$$

$$= 13{,}5\,\gamma_{0\text{-MLR}} + 17{,}5\,\gamma_{1\text{-MLR}} + 18{,}5\,\gamma_{2\text{-MLR}}$$

$$= 4\,\gamma_{1\text{-MLR}} + 5\,\gamma_{2\text{-MLR}} \qquad \Rightarrow \quad \text{sinbegrE sehcsitnedi} \quad \Rightarrow \quad \text{o.k.}$$

.thcin hcis tredna noitaterpretnI eid hcua dnU
-nhabebewhcS sed srotkevstrO sed noixelfeR eid mu nihretiew hcis tlednah sE
smetsysnetanidrooK-nhabebewhcS seseid eshcatieZ red na smetsysnetanidrooK
.edruw tenhcereb metsysnetanidrooK-rethcaboeB mi sella nnew hcua

-rethcaboeB sed dnu smetsysnetanidrooK-nhabebewhcS sed gnurpsrU red aD
8,75 γ_1 + 9,25 γ_2 = **q** tatluseR sad tbierhcseb ,dnis hcielg thcin smetsysnetanidrooK
.metsysnetanidrooK-rethcaboeB mi rotkevstrO neniek hcilkcürdsua

etssüm metsysnetanidrooK-rethcaboeB mi srotkevstrO sed gnummitseB ruZ
.nedrew tgithciskcüreb 0,5 $\gamma_{0\text{-MLR}}$ = γ_0 = **s** rotkevsnoitalsnarT red hcilztäsuz
,ethcihcseG eredna enie tsi sad rebA
etkudorP-lepirT eid riw ssad ,githciw mella rov tsi reih gnunhceR reresnu ieb nned
:esiewsleipsieb ,nessaf tkerrok nerotkevstiehniE nehcildeihcsretnu ierd sua

$$\gamma_0\gamma_1\gamma_2 = \gamma_2{}^2\,(\gamma_1 + \gamma_2)\,\gamma_1\gamma_2 = \gamma_2{}^2\,(\gamma_2 + \gamma_2\gamma_1\gamma_2) = \gamma_2{}^2\,(\gamma_2 + \gamma_1) = \gamma_0$$

$$\gamma_0\gamma_1\gamma_2 = \gamma_0\,\gamma_2{}^2\,(\gamma_0 + \gamma_2)\,\gamma_2 = \gamma_2{}^2\,(\gamma_0{}^2\,\gamma_2 + \gamma_0\,\gamma_2{}^2) = 0 + \gamma_2{}^4\,\gamma_0 = \gamma_0 \qquad \text{vitanretla redo}$$

:nnad tetual thcisrebÜ egidnätsllov eiD

$\gamma_0\gamma_1\gamma_2 = \gamma_0$	$\gamma_1\gamma_2\gamma_0 = \gamma_1 + \gamma_2$	$\gamma_2\gamma_0\gamma_1 = \gamma_0 + 2\,\gamma_1$
$\gamma_0\gamma_2\gamma_1 = \gamma_1 + \gamma_2$	$\gamma_1\gamma_0\gamma_2 = \gamma_0 + 2\,\gamma_1$	$\gamma_2\gamma_1\gamma_0 = \gamma_0$

.vitisop remmi osla tsi sellA
nehciezroV evitagen nednewrev egnildrE nehcsimok riw ruN
:eiw egniD edönhcs os nnad nebierhcs dnu

$\gamma_0\gamma_0\gamma_0 = 0$	$\gamma_1\gamma_0\gamma_1 = \gamma_2 - \gamma_1$	$\gamma_2\gamma_0\gamma_2 = \gamma_2 - \gamma_1$
$\gamma_0\gamma_1\gamma_0 = -\,2\,\gamma_0$	$\gamma_1\gamma_1\gamma_1 = \gamma_1$	$\gamma_2\gamma_1\gamma_2 = \gamma_1$
$\gamma_0\gamma_2\gamma_0 = 2\,\gamma_0$	$\gamma_1\gamma_2\gamma_1 = -\,\gamma_2$	$\gamma_2\gamma_2\gamma_2 = -\,\gamma_2$

:nerotkevlluN eseid lla redO

$\gamma_0\gamma_1\gamma_2 = \gamma_0$	$\gamma_1\gamma_2\gamma_0 = -\,\gamma_0$	$\gamma_2\gamma_0\gamma_1 = \gamma_1 - \gamma_2$
$\gamma_0\gamma_2\gamma_1 = -\,\gamma_0$	$\gamma_1\gamma_0\gamma_2 = \gamma_1 - \gamma_2$	$\gamma_2\gamma_1\gamma_0 = \gamma_0$

,nenoixelfeR tim run hcis negitfähcseb nehcnretseeS-luhcsdnurG
.nennök nedrew nebeirhcseb nerotkevstiehniE egitraiez hcrud eid
.retreizilpmok nenoixelfeR eid nedrew ,eluhcsrebO eid ni eis nemmoK

eesztneroL red ni kitamehtamlaisanmyG   12

.eis dnis treiniffar rhes ,rhes ,eesztneroL red nehcnretseeS eid dnis treiniffaR
.nerotkeV hcrud eis neliet treiniffaR
!nedrew tlieteg nerotkeV hcrud frad eesztneroL red nI

nerotkeV hcrud eis neliet treiniffar znaG
.neliet eralakS hcrud run nnad dnu nereizilpitlum nerotkeV tim eis medni
.tfahsob thcin tpuahrebü hcua dnu tbualre tsi saD

:n rotkeV nenie hcrud 1 ralakS ned nehcnretseeS etnegilletni neliet reih dnU

$$\frac{1}{n} = \frac{1\,n}{n\,n} = \frac{n}{n^2} = \frac{n}{n^2} = \frac{1}{n^2}\,n = n^{-1}$$

tkudorP sad ad ,tenhciezeb rotkeV resrevni sla driw n^{-1} rotkeV reD
:tbigre sniE uaneg n rotkeV nehcilgnürpsru med tim srotkeV nesrevni seseid

$$n\,n^{-1} = n^{-1}\,n = 1$$

n nerotkevstiehniE egitratiez red $r_{ref} = n\,r\,n$ gnuhcielG-luhcsdnurG eid nnak timaD
:nedrew treniemegllarev nerotkevsnoixelfeR egibeileb rüf

$$r_{ref} = \frac{1}{n^2}\,n\,r\,n = n^{-1}\,r\,n = n\,r\,n^{-1}$$

$$\frac{\text{retreitkelfer}}{\text{rotkeV}} = \frac{\text{-snoixelfeR}}{\text{rotkev}} \cdot \frac{\text{rehcilgnürpsru}}{\text{rotkeV}} \cdot \frac{\text{resrevni}}{\text{rotkevsnoixelfeR}}$$

rotkeV regitramuar nie redo -tiez nie nun nnak n rotkevsnoixelfeR reD
.nies egnäL regibeileb

,$r = 3\,\gamma_1 + 2\,\gamma_2$ rotkevsnoitisoP reD
tgiez P tknuP muz smetsysnetanidrooK sed gnurpsrU mov red
,(etieS nedneglof red fua ezzikS eheis)
.nedrew treitkelfer eshcamuaR renie na hcua tztej nnak

nov rotkevsnoixelfeR menie tiM

$$n = \gamma_2$$

uz r_{ref} rotkeV etreitkelfer red hcis tbigre

$$r_{ref} = n\,r\,n^{-1} = \frac{1}{n^2}\,n\,r\,n = \frac{1}{\gamma_2^{\,2}}\,\gamma_2\,(3\,\gamma_1 + 2\,\gamma_2)\,\gamma_2$$

$$\mathbf{r}_{ref} = \frac{\gamma_2^{\,2}}{\gamma_2^{\,4}}\,(3\,\gamma_2\gamma_1\gamma_2 + 2\,\gamma_2\gamma_2\gamma_2) = \gamma_2^{\,2}\,(3\,\gamma_1 + 2\,(\gamma_0 + \gamma_1))$$

$$= 3\,\gamma_0 + 3\,\gamma_2 + 2\,\gamma_2 = 3\,\gamma_0 + 5\,\gamma_2$$

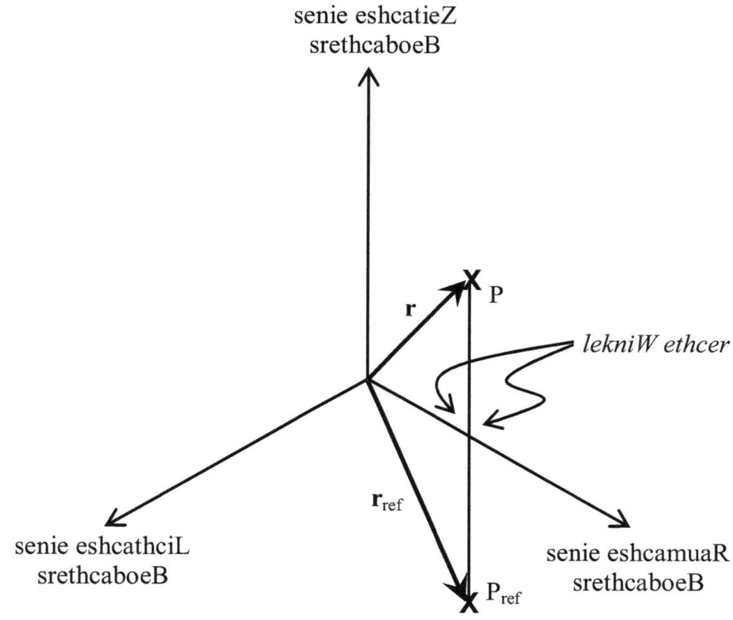

sinbegrE sad nefürprebü nehcnretseeS etnegilletnI
… eborpnegnäL-tardauQ renie efliH tim

$$\mathbf{r}^2 = (3\,\gamma_1 + 2\,\gamma_2)^2 = 9\,\gamma_1^{\,2} + 6\,\gamma_1\gamma_2 + 6\,\gamma_2\gamma_1 + 4\,\gamma_2^{\,2} = 5\,\gamma_1^{\,2} + 12\,\gamma_0^{\,2} = 5$$

$$\mathbf{r}_{ref}^{\,2} = (3\,\gamma_0 + 5\,\gamma_2)^2 = 9\,\gamma_0^{\,2} + 15\,\gamma_0\gamma_2 + 15\,\gamma_2\gamma_0 + 25\,\gamma_2^{\,2} = 30\,\gamma_1^{\,2} + 25\,\gamma_2^{\,2} = 5$$

$$\mathbf{r} = \mathbf{r}_{ref}^{\,2} \quad \Leftarrow$$

:eborpnemmuS renie dnu …

$$\mathbf{r} + \mathbf{r}_{ref} = 3\,\gamma_1 + 2\,\gamma_2 + 3\,\gamma_0 + 5\,\gamma_2 = 3\,\gamma_0 + 3\,\gamma_1 + 7\,\gamma_2 = 4\,\gamma_2 = 4\,\mathbf{n}$$

.n srotkevsnoixelfeR sed sehcaflieV nie tsi $\mathbf{r} + \mathbf{r}_{ref}$ $\Leftarrow$

!se nebeil nehcnretseeS etnegilletnI !ßapS thcam nenhceR
gnunhceR ehcielg eid lamnie hcon reih blahseD
.smetsysnetanidrooK-MLR sed thciS sua

$$\mathbf{r} = 3\,\gamma_1 + 2\,\gamma_2 = 3\,(0{,}75\,\gamma_{0\text{-MLR}} + 2\,\gamma_{1\text{-MLR}}) + 2\,(0{,}75\,\gamma_{0\text{-MLR}} + 2\,\gamma_{2\text{-MLR}})$$

$$= 2{,}25\,\gamma_{1\text{-MLR}} + 0{,}25\,\gamma_{2\text{-MLR}}$$

$$\mathbf{n} = \gamma_2 = 0{,}75\,\gamma_{0\text{-MLR}} + 2\,\gamma_{2\text{-MLR}}$$

$$\mathbf{r}_{\text{ref}} = \mathbf{n}\,\mathbf{r}\,\mathbf{n}^{-1} = \frac{1}{n^2}\,\mathbf{n}\,\mathbf{r}\,\mathbf{n}$$

$$= \frac{1}{(0{,}75\,\gamma_{0-\text{MLR}} + 2\,\gamma_{2-\text{MLR}})^2}\,(0{,}75\,\gamma_{0\text{-MLR}} + 2\,\gamma_{2\text{-MLR}})\,(2{,}25\,\gamma_{1\text{-MLR}} + 0{,}25\,\gamma_{2\text{-MLR}})\,\mathbf{n}$$

$$= \frac{1}{3\,\gamma_{1-\text{MLR}}^2 + 4\,\gamma_{2-\text{MLR}}^2}\,(1{,}5\,\gamma_{0\text{-MLR}}\,\gamma_{1\text{-MLR}} + 4{,}5\,\gamma_{2\text{-MLR}}\,\gamma_{1\text{-MLR}} + 0{,}5\,\gamma_{2\text{-MLR}}^2)\,\mathbf{n}$$

$$= \frac{1}{\gamma_{2-\text{MLR}}^2}\,(1{,}5\,\gamma_{0\text{-MLR}}\,\gamma_{1\text{-MLR}} + 4{,}5\,\gamma_{2\text{-MLR}}\,\gamma_{1\text{-MLR}} + 0{,}5\,\gamma_{2\text{-MLR}}^2)\,(0{,}75\,\gamma_{0\text{-MLR}} + 2\,\gamma_{2\text{-MLR}})$$

$$= \gamma_{2\text{-MLR}}^2\,(1{,}125\,\gamma_{0\text{-MLR}}\,\gamma_{1\text{-MLR}}\,\gamma_{0\text{-MLR}} + 3\,\gamma_{0\text{-MLR}}\,\gamma_{1\text{-MLR}}\,\gamma_{2\text{-MLR}}$$
$$+\ 3{,}375\,\gamma_{2\text{-MLR}}\,\gamma_{1\text{-MLR}}\,\gamma_{0\text{-MLR}} + 9\,\gamma_{2\text{-MLR}}\,\gamma_{1\text{-MLR}}\,\gamma_{2\text{-MLR}}$$
$$+\ 0{,}375\,\gamma_{2\text{-MLR}}^2\,\gamma_{0\text{-MLR}} + 1\,\gamma_{2\text{-MLR}}^3)$$

negnuhcielG eiD :snu nrennire riW

$\gamma_0\gamma_0\gamma_0 = 0$	$\gamma_1\gamma_0\gamma_1 = \gamma_0 + 2\,\gamma_2$	$\gamma_2\gamma_0\gamma_2 = \gamma_0 + 2\,\gamma_2$
$\gamma_0\gamma_1\gamma_0 = 2\,\gamma_1 + 2\,\gamma_2$	$\gamma_1\gamma_1\gamma_1 = \gamma_1$	$\gamma_2\gamma_1\gamma_2 = \gamma_1$
$\gamma_0\gamma_2\gamma_0 = 2\,\gamma_0$	$\gamma_1\gamma_2\gamma_1 = \gamma_0 + \gamma_1$	$\gamma_2\gamma_2\gamma_2 = \gamma_0 + \gamma_1$

$\gamma_0\gamma_1\gamma_2 = \gamma_0$	$\gamma_1\gamma_2\gamma_0 = \gamma_1 + \gamma_2$	$\gamma_2\gamma_0\gamma_1 = \gamma_0 + 2\,\gamma_1$
$\gamma_0\gamma_2\gamma_1 = \gamma_1 + \gamma_2$	$\gamma_1\gamma_0\gamma_2 = \gamma_0 + 2\,\gamma_1$	$\gamma_2\gamma_1\gamma_0 = \gamma_0$

.gitlüg nerotkevstiehniE-MLR rüf hcua dnis

:tsi blahseD

$$\mathbf{r}_{ref} = \gamma_{2\text{-MLR}}^{2}\,(2{,}25\,\gamma_{1\text{-MLR}} + 2{,}25\,\gamma_{2\text{-MLR}} + 3\,\gamma_{0\text{-MLR}}$$
$$+\ 3{,}375\,\gamma_{0\text{-MLR}} + 9\,\gamma_{1\text{-MLR}}$$
$$+\ 0{,}375\,\gamma_{1\text{-MLR}} + 0{,}375\,\gamma_{2\text{-MLR}} + 1\,\gamma_{0\text{-MLR}} + 1\,\gamma_{1\text{-MLR}})$$
$$= \gamma_{2\text{-MLR}}^{2}\,(7{,}375\,\gamma_{0\text{-MLR}} + 12{,}625\,\gamma_{1\text{-MLR}} + 2{,}625\,\gamma_{2\text{-MLR}})$$
$$= \gamma_{2\text{-MLR}}^{2}\,(4{,}75\,\gamma_{0\text{-MLR}} + 10\,\gamma_{1\text{-MLR}})$$
$$= 4{,}75\,\gamma_{1\text{-MLR}} + 4{,}75\,\gamma_{2\text{-MLR}} + 10\,\gamma_{0\text{-MLR}} + 10\,\gamma_{2\text{-MLR}}$$
$$= 5{,}25\,\gamma_{0\text{-MLR}} + 10\,\gamma_{2\text{-MLR}}$$

:noitamrofsnartkcüR enie hcrud eborP

$$\mathbf{r}_{ref} = 5{,}25\,(2\,\gamma_0) + 10\,(0{,}75\,\gamma_1 + 1{,}25\,\gamma_2)$$
$$= 10{,}5\,\gamma_0 + 7{,}5\,\gamma_1 + 12{,}5\,\gamma_2$$
$$= 3\,\gamma_0 + 5\,\gamma_2$$

githcir tsi sinbegrE saD !sad nebeil nehcnretseeS

.nenoixelfeR-leppoD nehcnretseeS etnegilletni nebeil rhem hcoN

,tätivitaleR etsnier dnis nenoixelfeR etleppod nneD
...tätivitaleR enier elleizeps rhes ,rhes enie

nenoitatoR-ztneroL red sinmieheG saD   13

.thcin eis dnis tfahsob reba ,eesztneroL red nehcnretseeS eid dnis treiniffaR
.eis nlegeips dnu eis nereitkelfer gaT neznag neD
.nlegeips eis dnu nereitkelfer eis dnu nereitkelfer eis dnu nlegeips eiS

nelanoisnemidnie ,negnal negiznie renie na run thcin hcodej nereitkelfer eiS
,eshcalegeipS nehcielg remmi
.neshcalegeipS nenedeihcsrev na nereitkelfer eis nrednos

.nehcam nehcnretseeS etnegilletni saw ,tsi saD
.lamiewz nereitkelfer eiS
,neshcasnoixelfeR nenedeihcsrev iewz na nereitkelfer eiS
!noitatoR enie netlahre eis – NEHCNRETSEES RELLA NITTÖG HHHO – dnu

.noitatoR-ztneroL enie netlahre eiS

$\mathbf{r} = 3\,\gamma_1 + 2\,\gamma_2$ rotkevsnoitisoP nehciltiezmuar med tim P tknuP red medhcaN
,tgiez $\mathbf{n} = \gamma_1$ srotkevsnoixelfeR sed gnuthciR ni eid ,eshcatieZ red na
P_{ref} tknuP etreitkelfer red driw ,edruw treitkelfer
$\mathbf{r}_{\text{ref}} = 2\,\gamma_0 + 5\,\gamma_1$ rotkevsnoitisoP nehciltiezmuar med tim
$\mathbf{m} = 5\,\gamma_1 + 3\,\gamma_2$ srotkevsnoixelfeR sed gnuthciR ni eshcA netiewz renie na
.tgiezeg ezzikS ednehcerpstne eid driw etieS nedneglof red fuA .treitkelfer

negnunhceR ella dnu nerotkeV ella rüf se llos laM seseid dnU
.nebeg gnurpsrU nehcielg ned dnu negiznie nenie run
:nnad tetual gnunhceR eiD

$$\mathbf{r}_{\text{rot}} = \mathbf{m}\,\mathbf{n}\,\mathbf{r}\,\mathbf{n}^{-1}\,\mathbf{m}^{-1} = \frac{1}{m^2\,n^2}\,\mathbf{m}\,\mathbf{n}\,\mathbf{r}\,\mathbf{n}\,\mathbf{m}$$

$$= \mathbf{m}\,\mathbf{r}_{\text{ref}}\,\mathbf{m}^{-1} = \frac{1}{m^2}\,\mathbf{m}\,\mathbf{r}_{\text{ref}}\,\mathbf{m}$$

$$= \frac{1}{(5\,\gamma_1 + 3\,\gamma_2)^2}\,(5\,\gamma_1 + 3\,\gamma_2)\,(2\,\gamma_0 + 5\,\gamma_1)\,(5\,\gamma_1 + 3\,\gamma_2)$$

$$= \frac{1}{25\,\gamma_1{}^2 + 30\,\gamma_0{}^2 + 9\,\gamma_2{}^2}\,(10\,\gamma_1\gamma_0 + 25\,\gamma_1{}^2 + 6\,\gamma_2\gamma_0 + 15\,\gamma_2\gamma_1)\,(5\,\gamma_1 + 3\,\gamma_2)$$

$$= \frac{1}{16\,\gamma_1{}^2}\,(4\,\gamma_1\gamma_0 + 25 + 15\,\gamma_2\gamma_1)\,(5\,\gamma_1 + 3\,\gamma_2)$$

liew

$$10\,\gamma_1\gamma_0 + 6\,\gamma_2\gamma_0 = 6\,\gamma_0{}^2 + 10\,\gamma_1\gamma_0 + 6\,\gamma_2\gamma_0$$
$$= 6\,(\gamma_0 + \gamma_1 + \gamma_2)\,\gamma_0 + 4\,\gamma_1\gamma_0 = 4\,\gamma_1\gamma_0$$

$$\mathbf{r}_{rot} = \frac{1}{16}(21 + 19\,\gamma_2\gamma_1)(5\,\gamma_1 + 3\,\gamma_2)$$

liew

$$
\begin{aligned}
4\,\gamma_1\gamma_0 + 25 + 15\,\gamma_2\gamma_1 &= 4\,\gamma_1\gamma_0 + 25\,\gamma_1^{\,2} + 0 + 15\,\gamma_2\gamma_1 \\
&= 4\,\gamma_1\gamma_0 + 25\,\gamma_1\gamma_1 + 4\,\gamma_1\gamma_2 + 4\,\gamma_2\gamma_1 + 15\,\gamma_2\gamma_1 \\
&= 4\,\gamma_1\,(\gamma_0 + \gamma_1 + \gamma_2) + 21\,\gamma_1\gamma_1 + 19\,\gamma_2\gamma_1 \\
&= 4\,\gamma_1\,0 + 21\,\gamma_1^{\,2} + 19\,\gamma_2\gamma_1 = 0 + 21 + 19\,\gamma_2\gamma_1
\end{aligned}
$$

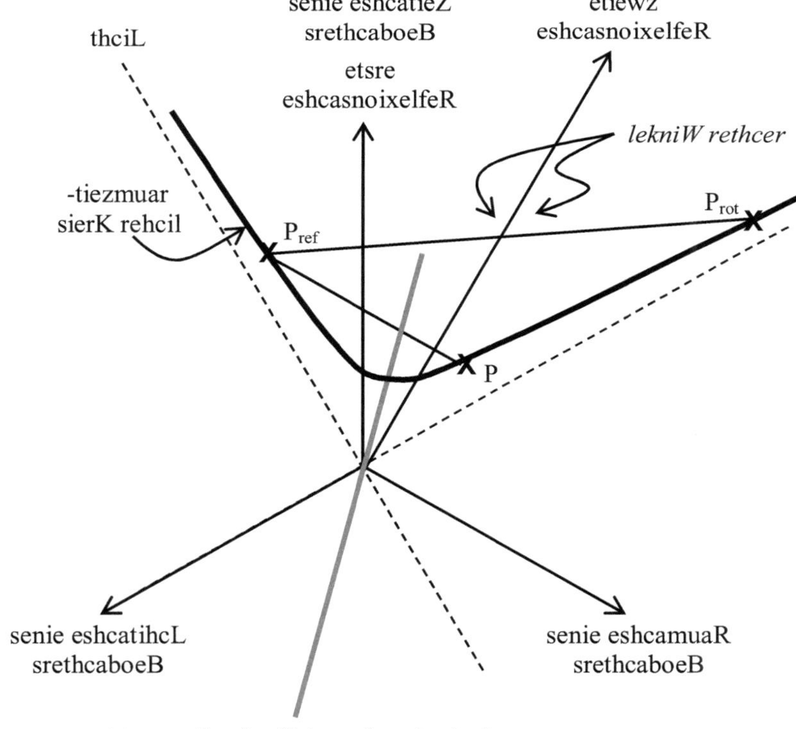

$$\mathbf{r}_{rot} = \frac{1}{16}(105\,\gamma_1 + 63\,\gamma_2 + 95\,\gamma_2\gamma_1^{\,2} + 57\,\gamma_2\gamma_1\gamma_2)$$

$$\mathbf{r}_{rot} = \frac{1}{16}(105\,\gamma_1 + 63\,\gamma_2 + 95\,\gamma_2 + 57\,\gamma_1)$$

$$= \frac{1}{16}(162\,\gamma_1 + 158\,\gamma_2)$$

$$= \frac{1}{8}(81\,\gamma_1 + 79\,\gamma_2) = 10{,}125\,\gamma_1 + 9{,}875\,\gamma_2$$

:eborpnegnäL-tardauQ

$$\mathbf{r}^2 = (3\,\gamma_1 + 2\,\gamma_2)^2 = 9\,\gamma_1{}^2 + 6\,\gamma_1\gamma_2 + 6\,\gamma_2\gamma_1 + 4\,\gamma_2{}^2 = 5\,\gamma_1{}^2 + 12\,\gamma_0{}^2 = 5$$

$$\mathbf{r}_{ref}{}^2 = (2\,\gamma_0 + 5\,\gamma_1)^2 = 4\,\gamma_0{}^2 + 10\,\gamma_0\gamma_1 + 10\,\gamma_1\gamma_0 + 25\,\gamma_1{}^2 = 20\,\gamma_2{}^2 + 25\,\gamma_1{}^2 = 5\,\gamma_1{}^2 = 5$$

$$\mathbf{r}_{rot}{}^2 = \left(\frac{81}{8}\,\gamma_1 + \frac{79}{8}\,\gamma_2\right)^2 = \frac{6561}{64}\,\gamma_1{}^2 + \frac{12798}{64}\,\gamma_0{}^2 + \frac{6241}{64}\,\gamma_2{}^2 = \frac{320}{64}\,\gamma_1{}^2 = 5$$

$$\mathbf{r} = \mathbf{r}_{ref}{}^2 = \mathbf{r}_{rot}{}^2 \quad \Leftarrow$$

:eborpnemmuS

$$\mathbf{r}_{ref} + \mathbf{r}_{rot} = 2\,\gamma_0 + 5\,\gamma_1 + \frac{81}{8}\,\gamma_1 + \frac{79}{8}\,\gamma_2 = \frac{16}{8}\,\gamma_0 + \frac{121}{8}\,\gamma_1 + \frac{79}{8}\,\gamma_2$$

$$= \frac{105}{8}\,\gamma_1 + \frac{63}{8}\,\gamma_2 = \frac{21}{8}(5\,\gamma_1 + 3\,\gamma_2) = \frac{21}{8}\,\mathbf{m}$$

.$\mathbf{m}$ srotkevsnoixelfeR sed sehcaflieV nie tsi $\mathbf{r}_{ref} + \mathbf{r}_{rot}$ $\quad \Leftarrow$

nehcnretseeS netnegilletni nov driw $\mathbf{r}_{rot}$ ni $\mathbf{r}$ nov gnunhcermU eseiD
.tnnaneg noitatoR-ztneroL

negirsnu red eiw gnugärP redionamuh nerutluK nI
.tguzroveb noitamrofsnarT-ztneroL emaN red negegad driw
,remmi hcua nednürG nehclew suA
,noitatoR ehciltiezmuar enie mu remmi hcilßeilhcs hcis tlednah se
.nelletsrad rriw hcilhcier rediel tfo nehcsneM riw eid

leipsieB meresnu ni trhüfreb ü noitatoR ehciltiezmuar eseiD
. $\mathbf{r}_{rot} = 10{,}125\,\gamma_1 + 9{,}875\,\gamma_2$ rotkeV ned ni $\mathbf{r} = 3\,\gamma_1 + 2\,\gamma_2$ rotkeV ned

.treimrofsnart dnehcerpstne nerotkeV neredna ella hcua nedrew hcilrütan dnU

,neshcasnetanidrooK eid hcis nereimrofsnart esiewsleipsieB
,nedrew treitnesärper γ_2 dnu γ_1 ,γ_0 nerotkevstiehniE eid hcrud eid
neßamredneglof $\mathbf{m} = 5\,\gamma_1 + 3\,\gamma_2$ dnu $\mathbf{n} = \gamma_1$ nerotkevsnoixelfeR red efliH tim

$$\gamma_{0rot} = \mathbf{m\,n}\,\gamma_0\,\mathbf{n}^{-1}\,\mathbf{m}^{-1} = \frac{1}{m^2\,n^2}\,\mathbf{m\,n}\,\gamma_0\,\mathbf{n\,m}$$

$$= \frac{1}{(5\,\gamma_1 + 3\,\gamma_2)^2\,\gamma_1{}^2}\,(5\,\gamma_1 + 3\,\gamma_2)\,\gamma_1\,\gamma_0\,\gamma_1\,(5\,\gamma_1 + 3\,\gamma_2)$$

$$= \frac{1}{16}\,(5\,\gamma_1 + 3\,\gamma_2)\,(\gamma_0 + 2\,\gamma_2)\,(5\,\gamma_1 + 3\,\gamma_2)$$

$$= \frac{1}{16}\,(5\,\gamma_1\gamma_0 + 10\,\gamma_1\gamma_2 + 3\,\gamma_2\gamma_0 + 6\,\gamma_2{}^2)\,(5\,\gamma_1 + 3\,\gamma_2)$$

$$= \frac{1}{16}\,(5\,\gamma_1\gamma_0 + 13\,\gamma_1\gamma_2 + 3\,\gamma_2\gamma_1 + 3\,\gamma_2\gamma_0 + 6\,\gamma_2{}^2)\,(5\,\gamma_1 + 3\,\gamma_2)$$

$$= \frac{1}{16}\,(5\,\gamma_1\gamma_0 + 13\,\gamma_1\gamma_2 + 3\,\gamma_2{}^2)\,(5\,\gamma_1 + 3\,\gamma_2)$$

$$= \frac{1}{16}\,(5\,\gamma_1\gamma_0 + 5\,\gamma_1{}^2 + 13\,\gamma_1\gamma_2 + 8\,\gamma_2{}^2)\,(5\,\gamma_1 + 3\,\gamma_2)$$

$$= \frac{1}{16}\,(8\,\gamma_1\gamma_2 + 8\,\gamma_2{}^2)\,(5\,\gamma_1 + 3\,\gamma_2)$$

$$= \frac{1}{2}\,(\gamma_1\gamma_2 + \gamma_2{}^2)\,(5\,\gamma_1 + 3\,\gamma_2)$$

$$= \frac{1}{2}\,(5\,\gamma_1\gamma_2\gamma_1 + 3\,\gamma_1\gamma_2{}^2 + 5\,\gamma_2{}^2\gamma_1 + 3\,\gamma_2{}^3)$$

$$= \frac{1}{2}\,(5\,\gamma_0 + 5\,\gamma_1 + 3\,\gamma_0 + 3\,\gamma_2 + 5\,\gamma_0 + 5\,\gamma_2 + 3\,\gamma_0 + 3\,\gamma_1)$$

$$= \frac{1}{2}\,(16\,\gamma_0 + 8\,\gamma_1 + 8\,\gamma_2)$$

$$= 8\,\gamma_0 + 4\,\gamma_1 + 4\,\gamma_2$$

$$= 4\,\gamma_0$$

!ierenhceR eid nebeil eiS !sad negöm nehcnretseeS

$$\gamma_{1rot} = \mathbf{m\,n}\,\gamma_1\,\mathbf{n}^{-1}\,\mathbf{m}^{-1} = \frac{1}{m^2\,n^2}\,\mathbf{m\,n}\,\gamma_1\,\mathbf{n\,m}$$

$$= \frac{1}{(5\,\gamma_1 + 3\,\gamma_2)^2\,\gamma_1{}^2}\,(5\,\gamma_1 + 3\,\gamma_2)\,\gamma_1\,\gamma_1\,\gamma_1\,(5\,\gamma_1 + 3\,\gamma_2)$$

$$= \frac{1}{16}\,(5\,\gamma_1 + 3\,\gamma_2)\,\gamma_1\,(5\,\gamma_1 + 3\,\gamma_2)$$

$$= \frac{1}{16}\,(5 + 3\,\gamma_2\gamma_1)\,(5\,\gamma_1 + 3\,\gamma_2)$$

$$\gamma_{1rot} = \frac{1}{16}\left(25\,\gamma_1 + 15\,\gamma_2 + 15\,\gamma_2 + 9\,\gamma_2\gamma_1\gamma_2\right)$$

$$= \frac{1}{16}\left(25\,\gamma_1 + 30\,\gamma_2 + 9\,\gamma_1\right)$$

$$= \frac{1}{16}\left(34\,\gamma_1 + 30\,\gamma_2\right)$$

$$= \frac{1}{8}\left(17\,\gamma_1 + 15\,\gamma_2\right) = 2{,}125\,\gamma_1 + 1{,}875\,\gamma_2$$

$$\gamma_{2rot} = \mathbf{m\,n}\,\gamma_2\,\mathbf{n}^{-1}\,\mathbf{m}^{-1} = \frac{1}{\mathbf{m}^2\,\mathbf{n}^2}\,\mathbf{m\,n}\,\gamma_2\,\mathbf{n\,m}$$

$$= \frac{1}{(5\,\gamma_1 + 3\,\gamma_2)^2\,\gamma_1{}^2}\,(5\,\gamma_1 + 3\,\gamma_2)\,\gamma_1\,\gamma_2\,\gamma_1\,(5\,\gamma_1 + 3\,\gamma_2)$$

$$= \frac{1}{16}\,(5\,\gamma_1 + 3\,\gamma_2)\,(\gamma_0 + \gamma_1)\,(5\,\gamma_1 + 3\,\gamma_2)$$

$$= \frac{1}{16}\,(5\,\gamma_1\gamma_0 + 5\,\gamma_1{}^2 + 3\,\gamma_2\gamma_0 + 3\,\gamma_2\gamma_1)\,(5\,\gamma_1 + 3\,\gamma_2)$$

$$= \frac{1}{16}\,(5\,\gamma_1\gamma_0 + 8\,\gamma_1{}^2 + 3\,\gamma_2\gamma_0 + 3\,\gamma_2\gamma_1 + 3\,\gamma_2{}^2)\,(5\,\gamma_1 + 3\,\gamma_2)$$

$$= \frac{1}{16}\,(5\,\gamma_1\gamma_0 + 8)\,(5\,\gamma_1 + 3\,\gamma_2)$$

$$= \frac{1}{16}\,(25\,\gamma_1\gamma_0\gamma_1 + 15\,\gamma_1\gamma_0\gamma_2 + 40\,\gamma_1 + 24\,\gamma_2)$$

$$= \frac{1}{16}\,(25\,\gamma_0 + 50\,\gamma_2 + 15\,\gamma_0 + 30\,\gamma_1 + 40\,\gamma_1 + 24\,\gamma_2)$$

$$= \frac{1}{16}\,(40\,\gamma_0 + 70\,\gamma_1 + 74\,\gamma_2)$$

$$= \frac{1}{8}\,(20\,\gamma_0 + 35\,\gamma_1 + 37\,\gamma_2)$$

$$= \frac{1}{8}\,(15\,\gamma_1 + 17\,\gamma_2) = 1{,}875\,\gamma_1 + 2{,}125\,\gamma_2$$

:eborP-nemmuslluN

$$\gamma_{0rot} + \gamma_{1rot} + \gamma_{2rot} = 4\,\gamma_0 + 2{,}125\,\gamma_1 + 1{,}875\,\gamma_2 + 1{,}875\,\gamma_1 + 2{,}125\,\gamma_2$$

$$= 4\,\gamma_0 + 4\,\gamma_1 + 4\,\gamma_2$$

$$= 0$$

eborP-netnenopmokrotkeV

$$\mathbf{r} = 3\,\gamma_1 + 2\,\gamma_2 \quad \Rightarrow \quad 3\,\gamma_{1rot} + 2\,\gamma_{2rot} = \frac{3}{8}\,(17\,\gamma_1 + 15\,\gamma_2) + \frac{2}{8}\,(15\,\gamma_1 + 17\,\gamma_2)$$

$$= \frac{1}{8}\,(81\,\gamma_1 + 79\,\gamma_2) = 10{,}125\,\gamma_1 + 9{,}875\,\gamma_2$$

$$= \mathbf{r}_{rot} \quad \Rightarrow \quad \text{o.k.}$$

,nedrew nefrowretnu noitatoR nehcielg red nerotkeV ella ad dnU
.nies ßorg hcielg sliewej lekniwsnoitatoR red hcua ssum

:melborP sedneheg feit rhes ,rhes llenoitpeznok nie sgnidrella ad tbig sE
,nennen noitamrofsnarT-ztneroL nehcsneM riw eid ,noitatoR-ztneroL red ieB
.lekniwsnoitatoR nehcsidilkuE eniek se tbig

.thcin nereitsixe lekniW ellenoitnevnoK

netätidipaR nenebeirhcseb [10] bboR nov eid run nereitsixe sE
.lekniW ehcsilobrepyh ,ehcsitsivitaler dnu
gnuheizeblekniW nehcsirtemonogirt ,nehcsidilkuE red elletsnA

$$\cosh \alpha = \hat{\mathbf{r}} \bullet \hat{\mathbf{r}}_{\mathbf{rot}} \qquad \text{nun driw} \qquad \cos \alpha = \hat{\mathbf{r}} \bullet \hat{\mathbf{r}}_{\mathbf{rot}}$$

.tgitöneb gnuheizeblekniW ehcsitsivitaler ,ehcsilobrepyh sla

$$\mathbf{r} = 3\,\gamma_1 + 2\,\gamma_2 \qquad \Rightarrow \qquad \hat{\mathbf{r}} = \frac{3}{\sqrt{5}}\,\gamma_1 + \frac{2}{\sqrt{5}}\,\gamma_2$$

$$\mathbf{r}_{rot} = \frac{1}{8}\,(81\,\gamma_1 + 79\,\gamma_2) \qquad \Rightarrow \qquad \hat{\mathbf{r}}_{\mathbf{rot}} = \frac{81}{8\sqrt{5}}\,\gamma_1 + \frac{79}{8\sqrt{5}}\,\gamma_2$$

$$\cosh \alpha = \hat{\mathbf{r}} \bullet \hat{\mathbf{r}}_{\mathbf{rot}} = \frac{1}{2}\,(\hat{\mathbf{r}}\,\hat{\mathbf{r}}_{\mathbf{rot}} + \hat{\mathbf{r}}_{\mathbf{rot}}\,\hat{\mathbf{r}})$$

$$= \frac{1}{80}\,((3\,\gamma_1 + 2\,\gamma_2)(81\,\gamma_1 + 79\,\gamma_2) + (81\,\gamma_1 + 79\,\gamma_2)(3\,\gamma_1 + 2\,\gamma_2))$$

$$= \frac{1}{80}\,(243 + 237\,\gamma_1\gamma_2 + 162\,\gamma_2\gamma_1 + 158\,\gamma_2^{\,2} + 243 + 162\,\gamma_1\gamma_2 + 237\,\gamma_2\gamma_1 + 158\,\gamma_2^{\,2})$$

$$= \frac{1}{80}\,(486 + 399\,(\gamma_1\gamma_2 + \gamma_2\gamma_1) + 316\,\gamma_2^{\,2})$$

$$= \frac{170}{80} = \frac{17}{8} = 2{,}125$$

$$\Rightarrow \quad \alpha = \text{arc cosh } 2{,}125 = 1{,}3863$$

,hcslaf znag thcin tsi sinbegrE seseiD
.githcir nemmokllov thcin hcua rediel ,rediel ,rediel reba

.nerhU nelamron eniek negöm rekitamehtaM dnu nennirekitamehtaM
,nerhU run negöm rekitamehtaM dnu nennirekitamehtaM
.neheg sträwkcür eid
rekitamehtamnehcnretseeS dnu rekitamehtaM ehcilhcsnem nereinifed blahseD
.dnis tethcireg nnisregiezrhU ned negeg eis nnew ,vitisop sla nnad run lekniW

r_{rot} rotkeV netreitor med dnu r rotkeV nehcilgnürpsru med nehcsiwz lekniW reD
:tethcireg nnisregiezrhU mi hcodej tsi
.tmmok negeil uz r_{rot} fua re timad ,nedrew therdeg nnisregiezrhU mi ssum r

.vitagen kitamehtaM red ni r_{rot} dnu r nehcsiwz likniW reseid tsi blahseD
.$\gamma_2{}^2$ nov sehcafleiV nie re tsi nehcnretseeS etnegilletni rüF

$$\alpha = \text{arc cosh}\ 2{,}125 = \begin{cases} 1{,}3863 & \text{nnisregiezrhU ned negeg gnureitneirO ieb} \\ 1{,}3863\ \gamma_2{}^2 & \text{nnisregiezrhU mi gnureitneirO ieb} \end{cases}$$

:osla tetual sinbegrE egithcir gidnätsllov saD

$$\Rightarrow\quad \alpha = \text{arc cosh}\ 2{,}125 = 1{,}3863\ \gamma_2{}^2$$

,revitagen hcsitamehtam nie tsi seiD
.lekniwsnoitatoR retethcireg nnisregiezrhU mi

?nun sad tetuedeb saW

:hcafnie tetuedeb sE
thcadegsua ezzikS etiewz enie snu nebah riW
.tlamegnienih (etieS etshcän eheis) gnudlibbA ehcilgnürpsru eid ni dnu

smetsysnetanidrooK sed egaL euen eid tgiez ezzikS etiewz ,euen eseiD
.noitatoR red hcan srethcaboeB sed
,sthcer hcan nun rethcaboeB red hcis tgeweb ezzikS netiewz reseid nI
noitatoR nehciltiezmuar red rov metsysnetanidrooK nehcilgnürpsru mi re dnerhäw
.etrrahrev ehuR ni solsgnugeweb

P tknuP ned rethcaboeB red tssim hcilrütaN
,driw tenhciezegnie P_{rot} tknuP sla nun red
netenhciezeg uen menies ni netanidrooK nehcielg ned tim hcon remmi
.metsysnetanidrooK

.nerotkevstiehniE 9,785 dnu 10,125 tztej tssim seredna dnamej dnegri rebA

.rethcaboeB netiewz nenie osla tbig sE

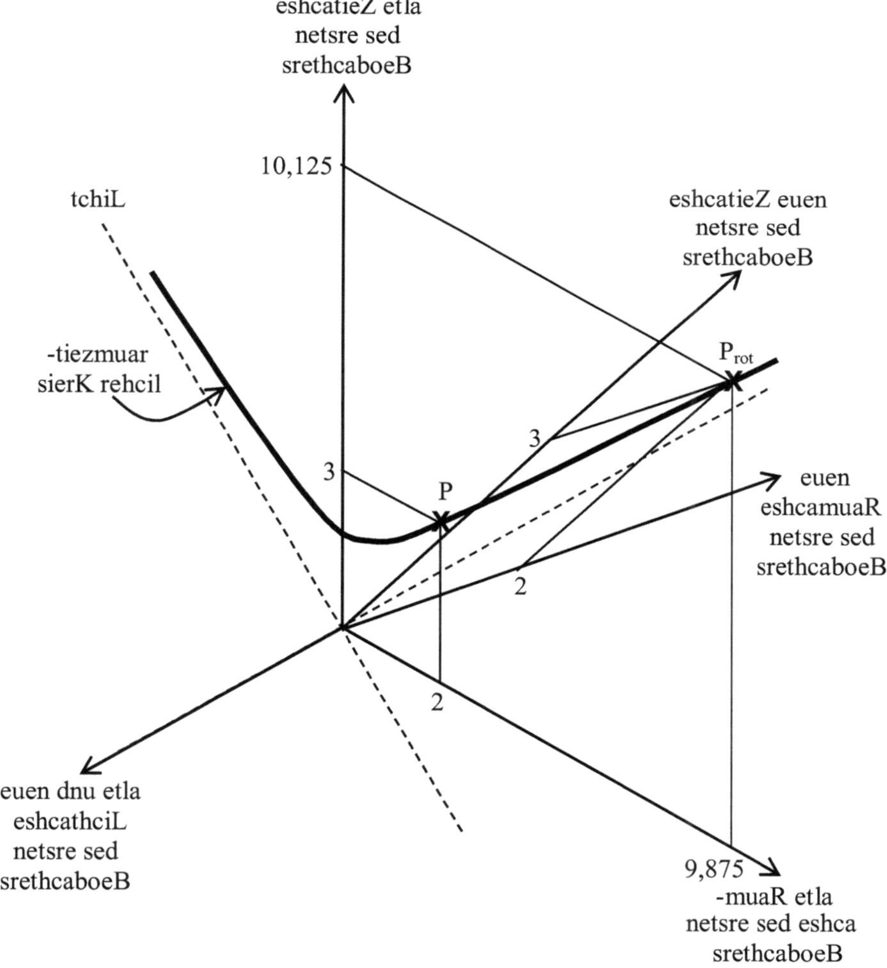

eid iebow ,rednanieuz vitaler hcis negeweb rethcaboeB etiewz red dnu etsre reD
sucilobrepyh snegnaT ned hcrud [10] bboR ßämeg tiekgidniwhcsegvitaleR
.driw nebegegna tiekgidniwhcsegthciL red liethcurB nie sla

remmi rethcaboeB etiewz reseid tssim hcilrütaN
,metsysnetanidrooK menies ni 9,875 dnu 10,125 nov etrewnetanidrooK eid
.driw tenhciezeg metsysnetanidrooK seseid eiw lage

srethcaboeB netiewz seseid metsysnetanidrooK sad hcis dnafeb reba oW
?noitatoR nehciltiezmuar red rov

neshcanetanidrooK red egaL ehcilgnürpsru eiD
srethcaboeB netiewz sed η_2 dnu η_1 ,η_0 nerotkevstiehniE red .wzb
η_{1rot} ,η_{0rot} nerotkevstiehniE netreitor red noitamrofsnartkcüR enie hcrud nnak
.nedrew nednufeg srethcaboeB netiewz seseid η_{2rot} dnu

nemmits srethcaboeB netiewz sed nerotkevstiehniE neuen ,netreitor eiD
.nierebü srethcaboeB netsre sed nerotkevstiehniE netla ,nehcilgnürpsru ned tim aj

$$\eta_{0rot} = \gamma_0 \qquad \eta_{1rot} = \gamma_1 \qquad \eta_{2rot} = \gamma_2$$

retztesegnegegtne ni osla laM seseid nessüm nerotkevstiehniE euen eiD
,nedrew treitor gnuthcirlekniW revitisop timad dnu
.netlahre uz nerotkevstiehniE netla eid mu

eglofnehieR eid nehcnretseeS eid nehcsuatrev uzaD
.**m** dnu **n** nerotkevsnoixelfeR nedieb red

$$\eta_0 = \mathbf{n}\,\mathbf{m}\,\eta_{0rot}\,\mathbf{m}^{-1}\,\mathbf{n}^{-1} = \frac{1}{n^2\,m^2}\,\mathbf{n}\,\mathbf{m}\,\eta_{0rot}\,\mathbf{m}\,\mathbf{n} = \frac{1}{n^2\,m^2}\,\mathbf{n}\,\mathbf{m}\,\gamma_0\,\mathbf{m}\,\mathbf{n}$$

$$= \frac{1}{\gamma_1{}^2\,(5\,\gamma_1 + 3\,\gamma_2)^2}\,\gamma_1\,(5\,\gamma_1 + 3\,\gamma_2)\,\gamma_0\,(5\,\gamma_1 + 3\,\gamma_2)\,\gamma_1$$

$$= \frac{1}{16}\,(5 + 3\,\gamma_1\gamma_2)\,\gamma_0\,(5 + 3\,\gamma_2\gamma_1)$$

$$= \frac{1}{16}\,(5\,\gamma_0 + 3\,\gamma_1 + 3\,\gamma_2)\,(5 + 3\,\gamma_2\gamma_1)$$

$$= \frac{1}{16}\,2\,\gamma_0\,(5 + 3\,\gamma_2\gamma_1) = \frac{1}{16}\,(10\,\gamma_0 + 6\,\gamma_0\gamma_2\gamma_1)$$

$$= \frac{1}{16}\,(10\,\gamma_0 + 6\,\gamma_1 + 6\,\gamma_2) = \frac{1}{16}\,(4\,\gamma_0)$$

$$= \frac{1}{4}\,\gamma_0$$

!ierenhceR eid nebeil eiS !hcilkriw sad negöm nehcnretseeS

$$\eta_1 = \mathbf{n}\,\mathbf{m}\,\eta_{1\mathrm{rot}}\,\mathbf{m}^{-1}\,\mathbf{n}^{-1} = \frac{1}{n^2\,m^2}\,\mathbf{n}\,\mathbf{m}\,\eta_{1\mathrm{rot}}\,\mathbf{m}\,\mathbf{n} = \frac{1}{n^2\,m^2}\,\mathbf{n}\,\mathbf{m}\,\gamma_1\,\mathbf{m}\,\mathbf{n}$$

$$= \frac{1}{\gamma_1{}^2(5\,\gamma_1 + 3\,\gamma_2)^2}\,\gamma_1\,(5\,\gamma_1 + 3\,\gamma_2)\,\gamma_1\,(5\,\gamma_1 + 3\,\gamma_2)\,\gamma_1$$

$$= \frac{1}{16}\,(5 + 3\,\gamma_1\gamma_2)\,\gamma_1\,(5 + 3\,\gamma_2\gamma_1) = \frac{1}{16}\,(5\,\gamma_1 + 3\,\gamma_0 + 3\,\gamma_1)\,(5 + 3\,\gamma_2\gamma_1)$$

$$= \frac{1}{16}\,(3\,\gamma_0 + 8\,\gamma_1)\,(5 + 3\,\gamma_2\gamma_1)$$

$$= \frac{1}{16}\,(15\,\gamma_0 + 9\,\gamma_0\gamma_2\gamma_1 + 40\,\gamma_1 + 24\,\gamma_1\gamma_2\gamma_1)$$

$$= \frac{1}{16}\,(15\,\gamma_0 + 9\,\gamma_1 + 9\,\gamma_2 + 40\,\gamma_1 + 24\,\gamma_0 + 24\,\gamma_1)$$

$$= \frac{1}{16}\,(30\,\gamma_0 + 64\,\gamma_1)$$

$$= \frac{15}{8}\,\gamma_0 + 4\,\gamma_1 = 1{,}875\,\gamma_0 + 4\,\gamma_1$$

$$\eta_2 = \mathbf{n}\,\mathbf{m}\,\eta_{2\mathrm{rot}}\,\mathbf{m}^{-1}\,\mathbf{n}^{-1} = \frac{1}{n^2\,m^2}\,\mathbf{n}\,\mathbf{m}\,\eta_{2\mathrm{rot}}\,\mathbf{m}\,\mathbf{n} = \frac{1}{n^2\,m^2}\,\mathbf{n}\,\mathbf{m}\,\gamma_2\,\mathbf{m}\,\mathbf{n}$$

$$= \frac{1}{\gamma_1{}^2(5\,\gamma_1 + 3\,\gamma_2)^2}\,\gamma_1\,(5\,\gamma_1 + 3\,\gamma_2)\,\gamma_2\,(5\,\gamma_1 + 3\,\gamma_2)\,\gamma_1$$

$$= \frac{1}{16}\,(5 + 3\,\gamma_1\gamma_2)\,\gamma_2\,(5 + 3\,\gamma_2\gamma_1) = \frac{1}{16}\,(5\,\gamma_2 + 3\,\gamma_0 + 3\,\gamma_2)\,(5 + 3\,\gamma_2\gamma_1)$$

$$= \frac{1}{16}\,(3\,\gamma_0 + 8\,\gamma_2)\,(5 + 3\,\gamma_2\gamma_1)$$

$$= \frac{1}{16}\,(15\,\gamma_0 + 9\,\gamma_1 + 9\,\gamma_2 + 40\,\gamma_2 + 24\,\gamma_0 + 24\,\gamma_2)$$

$$= \frac{1}{16}\,(39\,\gamma_0 + 9\,\gamma_1 + 73\,\gamma_2) = \frac{1}{16}\,(30\,\gamma_0 + 64\,\gamma_2)$$

$$= \frac{15}{8}\,\gamma_0 + 4\,\gamma_2 = 1{,}875\,\gamma_0 + 4\,\gamma_2$$

:eborP-nemmuslluN

$$\eta_0 + \eta_1 + \eta_2 = \frac{1}{4}\,\gamma_0 + \frac{15}{8}\,\gamma_0 + 4\,\gamma_1 + \frac{15}{8}\,\gamma_0 + 4\,\gamma_2 = 4\,\gamma_0 + 4\,\gamma_1 + 4\,\gamma_2 = 0$$

.nedrew tgidnätsllovrev gnunhcieZ ehcilgnürpsru eid nnak timaD

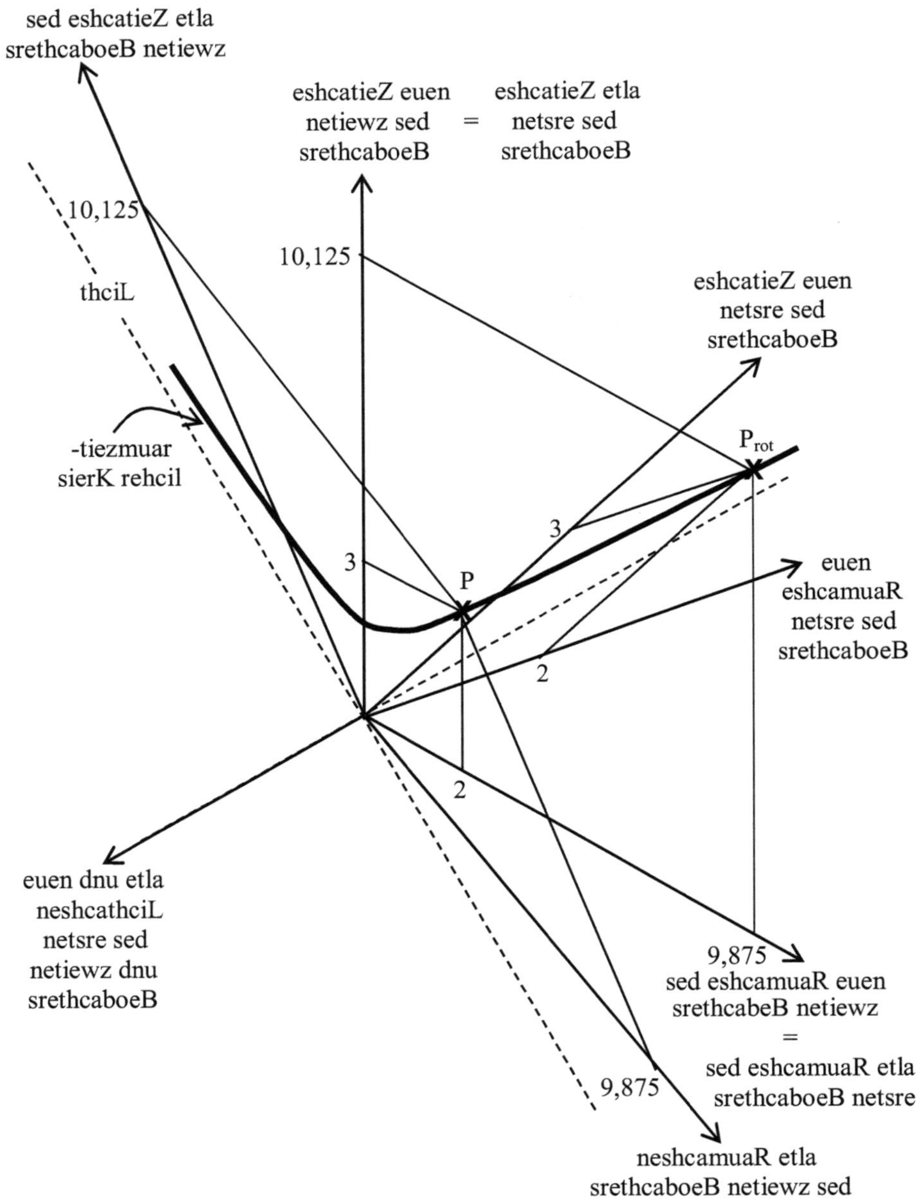

.dliB negiznie menie ni nezzikS iewz riw nebah reiH

.nih uaneg rhes ,rhes hcua neuahcs nehcnretseeS dnU
.neshcanetanidrooK enedeihcsrev nuen tmasegsni reih nehes eiS

aj hcis nediehcsretnu neshcanetanidrooK-thciL neuen dnu netla eiD
negnäL nelleirotkev nehcildeihcsretnu tim nerotkevstiehniE nednedlib eis ned ni
.(dnis hcielg lluN nov egärtebnegnäL neralaks eid nnew hcua ...)

P_{rot} .wzb P tknuP red tgeil rethcaboeB netiewz ned rüf hcuA
.netrewnetanidrooK nehcielg remmi ned tim elletS nehcielg red na remmi osla
:rethcaboeB netiewz ned rüf eborP-netnenopmokrotkeV eid tgiez seiD

$$\mathbf{r}_{rot} = \frac{81}{8}\,\eta_{1rot} + \frac{79}{8}\,\eta_{2rot} = \frac{81}{8}\,\gamma_1 + \frac{79}{8}\,\gamma_2 = 10{,}125\,\gamma_1 + 9{,}875\,\gamma_2$$

$$\Rightarrow \quad \frac{81}{8}\,\eta_1 + \frac{79}{8}\,\eta_2 = \frac{81}{8}\left(\frac{15}{8}\gamma_0 + 4\,\gamma_1\right) + \frac{79}{8}\left(\frac{15}{8}\gamma_0 + 4\,\gamma_2\right)$$

$$= 37{,}5\,\gamma_0 + 40{,}5\,\gamma_1 + 39{,}5\,\gamma_2 = 3\,\gamma_1 + 2\,\gamma_2 = \mathbf{r} \qquad \Rightarrow \qquad \text{o.k.}$$

9,875 dnu 10,125 nov netanidrooK eid remmi tssim rethcaboeB etiewz reD $\Leftarrow$

:redeiw nun tsi tfahcsnegiE egithciw eretiew enie dnU

ßorg os tleppod tsi α lekniwsnoitatoR ehcsitsivitaler reD
.β neshcasnoixelfeR nedieb ned nehcsiwz lekniW ehcsitsivitaler red eiw

$$\alpha = 2\,\beta$$

nenoitknuF rehcsilobrepyh efliH tim redeiw nnak ß lekniwneshcA reseiD

$$\cosh\beta = \hat{\mathbf{n}} \bullet \hat{\mathbf{m}} = \frac{1}{2}\left(\gamma_1\,(1{,}25\,\gamma_1 + 0{,}75\,\gamma_2) + (1{,}25\,\gamma_1 + 0{,}75\,\gamma_2)\,\gamma_1\right) = \frac{5}{4} = \frac{10}{8}$$

$$\Rightarrow \qquad \beta = \gamma_2{}^2 \operatorname{arc\,cosh} 1{,}25 = 0{,}6931\,\gamma_2{}^2$$

.nedrew tenhcereb

.α slekniwsnoitatoR nehcsitsivitaler sed etfläH eid uaneg hcilhcästat tsi sad dnU

$$\beta = \frac{1}{2}\,\alpha = \frac{1}{2}\,(1{,}3863\,\gamma_2{}^2) = 0{,}6931\,\gamma_2{}^2$$

esiewrehcilbü eis nehcsneM riw eiw os ,nenoitamrofsnarT-ztneroL eiD
.nebegegna esiewnetnenopmok run gissälhcan sawte tsiem nedrew ,nebierhcsfua

etueh snu negalhcs dnu treizilpmok oooos sella remmi tlah nehcam nehcsneM riW
.mureh [6.1 .paK ,12] nenoitamrofsnarT nevissap dnu nevitka tim hcon remmi
.foof hcilkriw lamhcnam tsi saD

.sella hcafnie nereitor dnu regülk leiv ad dnis nehcnretseeS

neßamredneglof nnad seid nessaf nehcnretseeS netnegilletni eiD
:tetual **r** rotkeV ehcilgnürpsru reD .nemmasuz

$$\mathbf{r} = ct\,\gamma_1 + x\,\gamma_2 + y\,\gamma_0 = (ct + \gamma_2{}^2\,y)\,\gamma_1 + (x + \gamma_2{}^2\,y)\,\gamma_2$$

:hcrud nebegeg dnis nerotkevsnoixelfeR nedieb eiD

$$n^2 = n_1{}^2 + 2\,n_0\,n_2 + \gamma_2{}^2\,(n_2{}^2 + 2\,n_0\,n_1) \qquad \text{tim} \qquad \mathbf{n} = n_0\,\gamma_0 + n_1\,\gamma_1 + n_2\,\gamma_2$$

$$m^2 = m_1{}^2 + 2\,m_0\,m_2 + \gamma_2{}^2\,(m_2{}^2 + 2\,m_0\,m_1) \qquad \text{tim} \qquad \mathbf{m} = m_0\,\gamma_0 + m_1\,\gamma_1 + m_2\,\gamma_2$$

:zu hcis tbigre rotkeV etreitor-ztneroL red dnU

$$\mathbf{r}_{\text{rot}} = \mathbf{m\,n\,r\,n}^{-1}\,\mathbf{m}^{-1} = \frac{1}{m^2\,n^2}\,\mathbf{m\,n\,r\,n\,m}$$

$$= ct\,\gamma_{1\text{rot}} + x\,\gamma_{2\text{rot}} + y\,\gamma_{0\text{rot}} = (ct + \gamma_2{}^2\,y)\,\gamma_{1\text{rot}} + (x + \gamma_2{}^2\,y)\,\gamma_{2\text{rot}}$$

remmi nerotkeV eseid ella nedrew hcildnätsrevtsbleS
.thcafnierev netnenopmoK iewz run fua

$$\tanh(\gamma_2{}^2\,\alpha) = \frac{v}{c} = \frac{x + \gamma_2{}^2\,y}{c\,t + \gamma_2{}^2\,y} \qquad\qquad \text{tiM}$$

$$\sinh(\gamma_2{}^2\,\alpha) = \frac{\tanh(-\alpha)}{\sqrt{1 + \gamma_2{}^2\,\tanh^2(\gamma_2{}^2\,\alpha)}} = \frac{\frac{v}{c}}{\sqrt{1 + \gamma_2{}^2\,\frac{v^2}{c^2}}} \qquad \Leftarrow$$

$$\cosh(\gamma_2{}^2\,\alpha) = \frac{1}{\sqrt{1 + \gamma_2{}^2\,\tanh^2(\gamma_2{}^2\,\alpha)}} = \frac{1}{\sqrt{1 + \gamma_2{}^2\,\frac{v^2}{c^2}}} \qquad \Leftarrow$$

r_rot sinbegresnoitatoR ehcsitsivitaler sad nnak
sla nerotkevsisaB iewz run tim [4,2 .lG ,13] hcilbü nedionamuH eib eiw

$$\mathbf{r}_{rot} = ((ct + \gamma_2{}^2\,y)\cosh(\gamma_2{}^2\,\alpha) + (x + \gamma_2{}^2\,y)\sinh(\gamma_2{}^2\,\alpha))\,\eta_{1rot}$$
$$+ ((ct + \gamma_2{}^2\,y)\sinh(\gamma_2{}^2\,\alpha) + (x + \gamma_2{}^2\,y)\cosh(\gamma_2{}^2\,\alpha))\,\eta_{2rot}$$

$$= ((ct + \gamma_2{}^2\,y)\cosh(\gamma_2{}^2\,\alpha) + (x + \gamma_2{}^2\,y)\sinh(\gamma_2{}^2\,\alpha))\,\gamma_1$$
$$+ ((ct + \gamma_2{}^2\,y)\sinh(\gamma_2{}^2\,\alpha) + (x + \gamma_2{}^2\,y)\cosh(\gamma_2{}^2\,\alpha))\,\gamma_2$$

.nedrew nebeirhcseg

sla nerotkevstiehniE ierd tim sinbegrE seseid nebierhcs nehcnretseeS etnegilletnI

$$\mathbf{r}_{rot} = (ct\cosh(\gamma_2{}^2\,\alpha) + x\sinh(\gamma_2{}^2\,\alpha))\,\eta_{1rot}$$
$$+ (ct\sinh(\gamma_2{}^2\,\alpha) + x\cosh(\gamma_2{}^2\,\alpha))\,\eta_{2rot}$$
$$+ y(\sinh(\gamma_2{}^2\,\alpha) + \cosh(\gamma_2{}^2\,\alpha))\,\eta_{0rot}$$

$$= (ct\cosh(\gamma_2{}^2\,\alpha) + x\sinh(\gamma_2{}^2\,\alpha))\,\gamma_1$$
$$+ (ct\sinh(\gamma_2{}^2\,\alpha) + x\cosh(\gamma_2{}^2\,\alpha))\,\gamma_2$$
$$+ y(\sinh(\gamma_2{}^2\,\alpha) + \cosh(\gamma_2{}^2\,\alpha))\,\gamma_0$$

$$\Rightarrow \quad \mathbf{r}_{rot} = \frac{ct + \frac{v}{c}x}{\sqrt{1 + \gamma_2{}^2\,\frac{v^2}{c^2}}}\,\gamma_1 + \frac{vt + x}{\sqrt{1 + \gamma_2{}^2\,\frac{v^2}{c^2}}}\,\gamma_2 + \frac{y\left(1 + \frac{v}{c}\right)}{\sqrt{1 + \gamma_2{}^2\,\frac{v^2}{c^2}}}\,\gamma_0$$

.essinbegrE evitisop remmi ,enedeihcsrev ierd hcis nebegre timaD

$$y\left(1 + \frac{v}{c}\right) \le vt + x \quad dnu \quad y\left(1 + \frac{v}{c}\right) \le ct + \frac{v}{c}x \quad \text{nneW} \quad \textbf{:tiekhcilgöM etsrE}$$

$$\mathbf{r}_{rot} = \frac{ct + \gamma_2{}^2 y + \frac{v}{c}(x + \gamma_2{}^2 y)}{\sqrt{1 + \gamma_2{}^2\,\frac{v^2}{c^2}}}\,\gamma_1 + \frac{\frac{v}{c}(ct + \gamma_2{}^2 y) + x + \gamma_2{}^2 y}{\sqrt{1 + \gamma_2{}^2\,\frac{v^2}{c^2}}}\,\gamma_2$$

.uz ebagfualeipsieB etreituksid letipaK negirov mi eid fua tffirt saD

$$\mathbf{r} = 3\,\gamma_1 + 2\,\gamma_2 \quad \Rightarrow \quad ct = 3 \qquad x = 2 \qquad y = 0$$

$$\mathbf{n} = \gamma_1 \quad \mathbf{m} = 5\,\gamma_1 + 3\,\gamma_2 \quad \Rightarrow \quad \beta = \operatorname{arccosh}(\hat{\mathbf{n}} \bullet \hat{\mathbf{m}}) = \operatorname{arccosh} 1{,}25 \approx 0{,}6931\gamma_2{}^2$$

$$\Rightarrow \quad \alpha = 2\,\beta \approx 1{,}3863\,\gamma_2{}^2$$

$$\Rightarrow \quad v = c\tanh(\gamma_2{}^2\,\alpha) \approx c\tanh 1{,}3863 \approx 0{,}8824\,c$$

!ehcürB eid nebel sE .reuaneg hcua theg saD

$$\Rightarrow \quad \hat{\mathbf{n}} \bullet \hat{\mathbf{m}} = \cosh\beta = 1{,}25$$

:[6.9 § ,14] hcsoB tsi reih dnU

$$\cosh \alpha = \cosh (2\,\beta) = 2\cosh^2 \beta + \gamma_2^2 = 2\cdot 1,25^2 + \gamma_2^2 = 2,125$$

$$\sinh \alpha = \sqrt{\cosh^2\alpha + \gamma_2^2} = \sqrt{2,125^2 + \gamma_2^2} = 1,875$$

$$\tanh \alpha = \frac{\sinh \alpha}{\cosh \alpha} = \frac{1,875}{2,125} = \frac{15}{17} \approx 0,8824$$

$$\Rightarrow \qquad v = c \tanh \alpha = \frac{15}{17}\,c$$

:riw netlahre oS

$$\mathbf{r}_{rot} = \frac{3 + \frac{15}{17}\cdot 2}{\sqrt{1+\gamma_2^2\,\frac{15^2}{17^2}}}\,\gamma_1 + \frac{\frac{15}{17}\cdot 3 + 2}{\sqrt{1+\gamma_2^2\,\frac{15^2}{17^2}}}\,\gamma_2 = \frac{17\cdot 3 + 15\cdot 2}{\sqrt{17^2+\gamma_2^2\,15^2}}\,\gamma_1 + \frac{15\cdot 3 + 17\cdot 2}{\sqrt{17^2+\gamma_2^2\,15^2}}\,\gamma_2$$

$$= \frac{81}{8}\,\gamma_1 + \frac{79}{8}\,\gamma_2 = 10,125\,\gamma_1 + 9,875\,\gamma_2$$

⇐ red sinbegrE sad dnu sletipaK seseid sinbegrE saD
.nierebü nemmits sletipaK negirov sed gnunhceR

:nnad tetual noitaterpretnI esiewnetnenopmok eiD

netanidrooK (noitatoR red hcan dnu rov) tssim rethcaboeB etsre reD
.gnuthciR rehcilmuär ni netiehniE 2 dnu gnuthciR rehciltiez ni netiehniE 3 nov

-gidniwhcsegthciL red % 88,24 .ac nov tiekgidniwhcseG renie tim uzad hcis niE
(noitatoR red hcan dnu rov) nnad tssim rethcaboeB retiewz rednegeweb tiek
gnuthciR rehciltiez ni netiehniE 10,125 nov netanidrooK
.gnuthciR rehcilmuär ni netiehniE 9,875 dnu

$$c\,t+\frac{v}{c}x \le v\,t+x \qquad \text{dnu} \qquad c\,t+\frac{v}{c}x \le y\left(1+\frac{v}{c}\right) \qquad \text{nneW} \qquad \textbf{:tiekhcilgöM etiewZ}$$

$$\mathbf{r}_{rot} = \frac{\frac{v}{c}(c\,t+\gamma_2^2 x)+x+\gamma_2^2 c\,t}{\sqrt{1+\gamma_2^2\,\frac{v^2}{c^2}}}\,\gamma_2 + \frac{\frac{v}{c}(y+\gamma_2^2 x)+y+\gamma_2^2 c\,t}{\sqrt{1+\gamma_2^2\,\frac{v^2}{c^2}}}\,\gamma_0$$

:leipsieB muZ

$\mathbf{r} = 8\,\gamma_0 + 2\,\gamma_2$ rotkevsnoitisoP nehciltiezmuar med tim P tknuP red medhcaN
treitkelfer ,tgiez $\mathbf{n} = \gamma_1$ srotkevsnoixelfeR sed gnuthciR ni eid ,eshcatieZ red na
eshcA netiewz renie na P_{ref} tknuP etreitkelfer red driw ,edruw
.treitkelfer $\mathbf{m} = 5\,\gamma_1 + 3\,\gamma_2$ srotkevsnoixelfeR sed gnuthciR ni

:gnusöL

$$\mathbf{r}_{ref} = \mathbf{n}\,\mathbf{r}\,\mathbf{n}^{-1} = \frac{1}{n^2}\,\mathbf{n}\,\mathbf{r}\,\mathbf{n} = \frac{1}{\gamma_1^2}\,\gamma_1\,(8\gamma_0 + 2\gamma_2)\,\gamma_1$$

$$= \frac{1}{1}\,8\gamma_1\gamma_0\gamma_1 + 2\gamma_1\gamma_2\gamma_1 = 8\gamma_0 + 16\gamma_2 + 2\gamma_0 + 2\gamma_1$$

$$= 10\gamma_0 + 2\gamma_1 + 16\gamma_2 = 8\gamma_0 + 14\gamma_2$$

:neborP iewZ

$$\mathbf{r}^2 = (8\gamma_0 + 2\gamma_2)^2 = 32\gamma_1^2 + 4\gamma_2^2 = 28 = 224\gamma_1^2 + 196\gamma_2^2 = (8\gamma_0 + 14\gamma_2)^2 = \mathbf{r}_{ref}^2$$

n nov sehcafleiV nie tsi $\quad \mathbf{r} + \mathbf{r}_{ref} = 8\gamma_0 + 2\gamma_2 + 8\gamma_0 + 14\gamma_2 = 16\gamma_0 + 16\gamma_2 = 16\gamma_2^2\gamma_1$

$$\mathbf{r}_{rot} = \mathbf{m}\,\mathbf{n}\,\mathbf{r}\,\mathbf{n}^{-1}\,\mathbf{m}^{-1} = \frac{1}{m^2\,n^2}\,\mathbf{m}\,\mathbf{n}\,\mathbf{r}\,\mathbf{n}\,\mathbf{m} = \mathbf{m}\,\mathbf{r}_{ref}\,\mathbf{m}^{-1} = \frac{1}{m^2}\,\mathbf{m}\,\mathbf{r}_{ref}\,\mathbf{m}$$

$$= \frac{1}{(5\gamma_1 + 3\gamma_2)^2}\,(5\gamma_1 + 3\gamma_2)\,(8\gamma_0 + 14\gamma_2)\,(5\gamma_1 + 3\gamma_2)$$

$$= \frac{1}{16}\,(40\gamma_1\gamma_0 + 70\gamma_1\gamma_2 + 24\gamma_2\gamma_0 + 42\gamma_2^2)\,(5\gamma_1 + 3\gamma_2)$$

$$= \frac{1}{16}\,(40\gamma_1\gamma_0 + 40\gamma_1^2 + 70\gamma_1\gamma_2 + 24\gamma_2\gamma_0 + 82\gamma_2^2)\,(5\gamma_1 + 3\gamma_2)$$

$$= \frac{1}{16}\,(30\gamma_1\gamma_2 + 24\gamma_2\gamma_0 + 82\gamma_2^2)\,(5\gamma_1 + 3\gamma_2)$$

$$= \frac{1}{16}\,(54\gamma_1\gamma_2 + 24\gamma_2\gamma_0 + 24\gamma_2\gamma_1 + 82\gamma_2^2)\,(5\gamma_1 + 3\gamma_2)$$

$$= \frac{1}{16}\,(54\gamma_1\gamma_2 + 58\gamma_2^2)\,(5\gamma_1 + 3\gamma_2)$$

$$= \frac{1}{8}\,(27\gamma_1\gamma_2 + 29\gamma_2^2)\,(5\gamma_1 + 3\gamma_2)$$

$$= \frac{1}{8}\,(135\gamma_1\gamma_2\gamma_1 + 81\gamma_1\gamma_2^2 + 145\gamma_2^2\gamma_1 + 87\gamma_2^2\gamma_2)$$

$$= \frac{1}{8}\,(135\gamma_0 + 135\gamma_1 + 81\gamma_0 + 81\gamma_2 + 145\gamma_0 + 145\gamma_2 + 87\gamma_0 + 87\gamma_1)$$

$$= \frac{1}{8}\,(448\gamma_0 + 222\gamma_1 + 226\gamma_2)$$

$$= \frac{1}{8}\,(226\gamma_0 + 4\gamma_2) = 28{,}25\gamma_0 + 0{,}5\gamma_2$$

:neborP iewZ

$$\mathbf{r}_{rot}^2 = (28{,}25\gamma_0 + 0{,}5\gamma_2)^2 = 28{,}25\gamma_1^2 + 0{,}25\gamma_2^2 = 28 = \mathbf{r}_{ref}^2 = \mathbf{r}^2$$

$$\mathbf{r}_{ref} + \mathbf{r}_{rot} = 8\,\gamma_0 + 14\,\gamma_2 + 28{,}25\,\gamma_0 + 0{,}5\,\gamma_2 = 36{,}25\,\gamma_0 + 14{,}5\,\gamma_2$$

$$= \gamma_2^2\,(14{,}5\,\gamma_0 + 50{,}75\,\gamma_1 + 36{,}25\,\gamma_2) = \gamma_2^2\,(36{,}25\,\gamma_1 + 21{,}75\,\gamma_2)$$

$$= 7{,}25\,\gamma_2^2\,(5\,\gamma_1 + 3\,\gamma_2) \qquad \text{.n nov sehcafleiV nie tsi sinbegrE saD}$$

:netanidrooK rehcsitsivitaler gnunhcereB nedionamuh red tim hcielgreV

$$\mathbf{r} = 8\,\gamma_0 + 2\,\gamma_2 \qquad \Rightarrow \qquad c\,t = 0 \qquad x = 2 \qquad y = 8 \qquad v = \frac{15}{17}\,c$$

... riw netlahre oS $\Leftarrow$

$$\mathbf{r}_{rot} = \frac{\frac{v}{c}(c\,t + \gamma_2{}^2 x) + x + \gamma_2{}^2 c\,t}{\sqrt{1 + \gamma_2{}^2 \frac{v^2}{c^2}}}\,\gamma_2 + \frac{\frac{v}{c}(y + \gamma_2{}^2 x) + y + \gamma_2{}^2 c\,t}{\sqrt{1 + \gamma_2{}^2 \frac{v^2}{c^2}}}\,\gamma_0$$

$$= \frac{\frac{15}{17}\cdot 2\,\gamma_2{}^2 + 2}{\sqrt{1 + \gamma_2{}^2 \frac{15^2}{17^2}}}\,\gamma_2 + \frac{\frac{15}{17}(8 + 2\,\gamma_2{}^2) + 8}{\sqrt{1 + \gamma_2{}^2 \frac{15^2}{17^2}}}\,\gamma_0$$

$$= \frac{15\cdot 2\,\gamma_2{}^2 + 2\cdot 17}{\sqrt{17^2 + \gamma_2{}^2 15^2}}\,\gamma_2 + \frac{15\cdot 6 + 8\cdot 17}{\sqrt{17^2 + \gamma_2{}^2 15^2}}\,\gamma_0$$

$$= \frac{4}{8}\,\gamma_2 + \frac{226}{8}\,\gamma_0 = 0{,}5\,\gamma_2 + 28{,}25\,\gamma_0$$

.etieS negirov red fua gnunhcernehcnretseeS red ieb eiw tatluseR ehcielg sad ...

nov netanidrooK (noitatoR red hcan dnu rov) osla tssim rethcaboeB retsre niE
.gnuthciR rehcilmäur ni netiehniE 2 dnu gnuthciR-thciL ni netiehniE 8

-gidniwhcsegthciL red % 88,24 .ac nov tiekgidniwhcseG renie tim uzad hcis niE
netiehniE 28,25 nov netanidrooK nnad tssim rethcaboeB retiewz rednegeweb tiek
.gnuthciR ehcilmär enies ni netiehniE 0,5 dnu gnuthciR ehciltiez enies ni

$$v\,t + x \le c\,t + \frac{v}{c}\,x \qquad \text{dnu} \qquad v\,t + x \le y\left(1 + \frac{v}{c}\right) \qquad \text{nneW} \qquad \textbf{:tiekhcilgöM ettirD}$$

$$\mathbf{r}_{rot} = \frac{\frac{v}{c}(x + \gamma_2{}^2 c\,t) + c\,t + \gamma_2{}^2 x}{\sqrt{1 + \gamma_2{}^2 \frac{v^2}{c^2}}}\,\gamma_1 + \frac{\frac{v}{c}(y + \gamma_2{}^2 c\,t) + y + \gamma_2{}^2 x}{\sqrt{1 + \gamma_2{}^2 \frac{v^2}{c^2}}}\,\gamma_0$$

:leipsieB muZ

r = 20 γ_0 + 42 γ_1 rotkevsnoitisoP nehciltiezmuar med tim P tknuP red medhcaN
treitkelfer ,tgiez **n** = γ_1 srotkevsnoixelfeR sed gnuthciR ni eid ,eshcatieZ red na
eshcA netiewz renie na P_{ref} tknuP etreitkelfer red driw ,edruw
.treitkelfer **m** = 5 γ_1 + 3 γ_2 srotkevsnoixelfeR sed gnuthciR ni

:gnusöL

$$\mathbf{r}_{ref} = \mathbf{n}\,\mathbf{r}\,\mathbf{n}^{-1} = \frac{1}{n^2}\,\mathbf{n}\,\mathbf{r}\,\mathbf{n} = \frac{1}{\gamma_1{}^2}\,\gamma_1\,(20\,\gamma_0 + 42\,\gamma_1)\,\gamma_1$$

$$= \frac{1}{1}\,20\,\gamma_1\gamma_0\gamma_1 + 42\,\gamma_1\gamma_1\gamma_1 = 20\,\gamma_0 + 40\,\gamma_2 + 42\,\gamma_1$$

$$= 22\,\gamma_1 + 20\,\gamma_2$$

:neborP iewZ

$$\mathbf{r}^2 = (20\,\gamma_0 + 42\,\gamma_1)^2 = 1680\,\gamma_2{}^2 + 1764\,\gamma_1{}^2 = 84 = 484\,\gamma_1{}^2 + 400\,\gamma_2{}^2 = (22\,\gamma_1 + 20\,\gamma_2)^2 = \mathbf{r}_{ref}{}^2$$

n nov sehcafleiV nie tsi $\quad$ **r** + $\mathbf{r}_{ref}$ = 20 γ_0 + 42 γ_1 + 22 γ_1 + 20 γ_2 = 44 γ_1

$$\mathbf{r}_{rot} = \mathbf{m}\,\mathbf{n}\,\mathbf{r}\,\mathbf{n}^{-1}\,\mathbf{m}^{-1} = \frac{1}{m^2\,n^2}\,\mathbf{m}\,\mathbf{n}\,\mathbf{r}\,\mathbf{n}\,\mathbf{m} = \mathbf{m}\,\mathbf{r}_{ref}\,\mathbf{m}^{-1} = \frac{1}{m^2}\,\mathbf{m}\,\mathbf{r}_{ref}\,\mathbf{m}$$

$$= \frac{1}{(5\,\gamma_1 + 3\,\gamma_2)^2}\,(5\,\gamma_1 + 3\,\gamma_2)\,(22\,\gamma_1 + 20\,\gamma_2)\,(5\,\gamma_1 + 3\,\gamma_2)$$

$$= \frac{1}{16}\,(110 + 100\,\gamma_1\gamma_2 + 66\,\gamma_2\gamma_1 + 60\,\gamma_2{}^2)\,(5\,\gamma_1 + 3\,\gamma_2)$$

$$= \frac{1}{16}\,(50 + 34\,\gamma_1\gamma_2)\,(5\,\gamma_1 + 3\,\gamma_2) = \frac{1}{16}\,(250\,\gamma_1 + 150\,\gamma_2 + 170\,\gamma_1\gamma_2\gamma_1 + 102\,\gamma_1\gamma_2{}^2)$$

$$= \frac{1}{16}\,(250\,\gamma_1 + 150\,\gamma_2 + 170\,\gamma_0 + 170\,\gamma_1 + 102\,\gamma_0 + 102\,\gamma_2)$$

$$= \frac{1}{16}\,(272\,\gamma_0 + 420\,\gamma_1 + 252\,\gamma_2) = \frac{1}{16}\,(20\,\gamma_0 + 168\,\gamma_1)$$

$$= \frac{1}{4}\,(5\,\gamma_0 + 42\,\gamma_1) = 1{,}25\,\gamma_0 + 10{,}5\,\gamma_1$$

:neborP iewZ

$$\mathbf{r}_{rot}{}^2 = (1{,}25\,\gamma_0 + 10{,}5\,\gamma_1)^2 = 26{,}25\,\gamma_2{}^2 + 110{,}25\,\gamma_1{}^2 = 84 = \mathbf{r}_{ref}{}^2 = \mathbf{r}^2$$

$$\mathbf{r}_{ref} + \mathbf{r}_{rot} = 22\,\gamma_1 + 20\,\gamma_2 + 1{,}25\,\gamma_0 + 10{,}5\,\gamma_1 = 1{,}25\,\gamma_0 + 32{,}5\,\gamma_1 + 20\,\gamma_2$$

$$= 31{,}25\,\gamma_1 + 18{,}75\,\gamma_2) = 6{,}25\,(5\,\gamma_1 + 3\,\gamma_2) \qquad \text{.n nov sehcafleiV nie tsi seiD}$$

:netanidrooK rehcsitsivitaler gnunhcereB nedionamuh red tim hcielgreV

$$\mathbf{r} = 20\,\gamma_0 + 42\,\gamma_1 \qquad\Rightarrow\qquad c\,t = 42 \qquad x = 0 \qquad y = 20 \qquad v = \frac{15}{17}\,c$$

... riw netlahre oS   ⇐

$$\mathbf{r}_{rot} = \frac{\frac{v}{c}\left(x+\gamma_2^{\,2}c\,t\right)+c\,t+\gamma_2^{\,2}x}{\sqrt{1+\gamma_2^{\,2}\frac{v^2}{c^2}}}\,\gamma_1 + \frac{\frac{v}{c}\left(y+\gamma_2^{\,2}c\,t\right)+y+\gamma_2^{\,2}x}{\sqrt{1+\gamma_2^{\,2}\frac{v^2}{c^2}}}\,\gamma_0$$

$$= \frac{\frac{15}{17}\cdot 42\,\gamma_2^{\,2}+42}{\sqrt{1+\gamma_2^{\,2}\frac{15^2}{17^2}}}\,\gamma_1 + \frac{\frac{15}{17}\left(20+42\,\gamma_2^{\,2}\right)+20}{\sqrt{1+\gamma_2^{\,2}\frac{15^2}{17^2}}}\,\gamma_0$$

$$= \frac{15\cdot 42\,\gamma_2^{\,2}+42\cdot 17}{\sqrt{17^2+\gamma_2^{\,2}15^2}}\,\gamma_1 + \frac{15\cdot 22\,\gamma_2^{\,2}+20\cdot 17}{\sqrt{17^2+\gamma_2^{\,2}15^2}}\,\gamma_0$$

$$= \frac{84}{8}\,\gamma_1 + \frac{10}{8}\,\gamma_0 = 10{,}5\,\gamma_1 + 1{,}25\,\gamma_0$$

.etieS negirov red fua gnunhcernehcnretseeS red ieb eiw sinbegrE ehcielg sad ...

nov netanidrooK (noitatoR red hcan dnu rov) osla tssim rethcaboeB retsre niE
.gnuthciR rehciltiez ni netiehniE 42 dnu gnuthciR-thciL ni netiehniE 20

-gidniwhcsegthciL red % 88,24 .ac nov tiekgidniwhcseG renie tim uzad hcis niE
netiehniE 1,25 nov netanidrooK nnad tssim rethcaboeB retiewz rednegeweb tiek
.gnuthciR ehciltiez enies ni netiehniE 10,5 dnu gnuthciR-thciL enies ni

:tizaF

,treinoitknuf eiroehtstätivitaleR edionamuh eiD
.resseb se nehcam nehcnretseeS eid reba

snesieR nellenhcsthcilrebü sed sinmieheG saD   15

efliH tim nenoitatoR llarebü nedruw nletipaK nenegnagrev ned nI
.tenhcereghcrud **m** = 5 γ_1 + 3 γ_2 dnu **n** = γ_1 nerotkevsnoixelfeR nedieb red

lekniW ned mu timos nedruw nerotkeV ella hcilkriw hcua reba ,ellA

$$\alpha = 2\,\beta = 2\,\mathrm{arc\,cosh}\,(\hat{\mathbf{n}} \bullet \hat{\mathbf{m}}) = 2\,\mathrm{arc\,cosh}\ 1{,}25 = \gamma_2{}^2\ 2\ln 2 = \gamma_2{}^2\ln 4 \approx 1{,}3863\ \gamma_2{}^2$$

α lekniwsonitatoR reseid iebow ,therdeg
.edruw tenhcereb sunisoK nehcsilobrepyh sed efliH tim rehsib

dnu nleshcew bboR nov esiewthciS ruz riw nedrew reba nuN
.gnureglofssulhcS nehcilnuatsre renie tim – neztun snegnaT nehcsilobrepyh ned

,α mu nereitor nerotkeV ella hcilkriw hcua reba, ellA
.nerotkeV egitramuar hcua osla
noitatoR red gnuhcereblekniW eid nednegloF mi riw nedrew blahseD
.nehcielgrev nerotkeV regitramuar noitatoR red tim nerotkeV regitratiez

gnureitneirO eid hcua (9 letipaK zu ztasnegeG mi) ssum uzaD
:nedrew tgithciskcüreb lekniW rehcsitsivitaler

$$\gamma_2{}^2\ \tanh \alpha = \tanh (\gamma_2{}^2\ \alpha) = \frac{v}{c} = \frac{x}{c\,t}$$

:etatluseR netnnakeb stiereb eid netätidipaR red efliH tim hcis nebegre nnaD

:tiekhcilgöM netsre ruz gnuhcerleipsieB

$$\mathbf{r} = 3\,\gamma_1 + 2\,\gamma_2 \qquad \Rightarrow \qquad \alpha_r = \mathrm{arctanh}\left(\gamma_2{}^2\ \frac{v}{c}\right) = \mathrm{arctanh}\left(\gamma_2{}^2\ \frac{x}{c\,t}\right)$$

$$= \mathrm{arctanh}\left(\frac{2}{3}\ \gamma_2{}^2\right) = 0{,}8047\ \gamma_2{}^2$$

$$\mathbf{r}_{\mathrm{rot}} = \frac{1}{8}\,(81\,\gamma_1 + 79\,\gamma_2) \qquad \Rightarrow \qquad \alpha_{r_{\mathrm{rot}}} = \mathrm{arctanh}\left(\frac{79}{81}\ \gamma_2{}^2\right) = 2{,}1910\ \gamma_2{}^2$$

sla nnad hcis tbigre lekniwsnoitatoR ehcsitsivitaler reD
:netätidipaR reseid znereffiD

$$\alpha = \alpha_{r_{\mathrm{rot}}} + \gamma_2{}^2\ \alpha_r = 2{,}1910\ \gamma_2{}^2 + \gamma_2{}^2\,(0{,}8047\ \gamma_2{}^2) = 1{,}3863\ \gamma_2{}^2 \qquad \Rightarrow \qquad \text{o.k.}$$

:tiekhcilgöM netiewz ruz gnunhcerleipsieB

$$\mathbf{r} = 8\,\gamma_0 + 2\,\gamma_2 = 8\,\gamma_2{}^2\,\gamma_1 + 6\,\gamma_2{}^2\,\gamma_2 \quad\Rightarrow\quad \alpha_r = \operatorname{arctanh}\left(\gamma_2{}^2\,\frac{v}{c}\right) = \operatorname{arctanh}\left(\gamma_2{}^2\,\frac{x}{ct}\right)$$

$$= \operatorname{arctanh}\left(\frac{6}{8}\,\gamma_2{}^2\right) = 0{,}9730\,\gamma_2{}^2$$

$$\mathbf{r}_{rot} = \frac{1}{8}\,(226\,\gamma_0 + 4\,\gamma_2) = \frac{226}{8}\,\gamma_2{}^2\,\gamma_1 + \frac{222}{8}\,\gamma_2{}^2\,\gamma_2$$

$$\Rightarrow\quad \alpha_{r_{rot}} = \operatorname{arctanh}\left(\frac{222}{226}\,\gamma_2{}^2\right) = 2{,}3593\,\gamma_2{}^2$$

:netätidipaR reseid znereffiD

$$\alpha = \alpha_{r_{rot}} + \gamma_2{}^2\,\alpha_r = 2{,}3593\,\gamma_2{}^2 + \gamma_2{}^2\,(0{,}9730\,\gamma_2{}^2) = 1{,}3863\,\gamma_2{}^2 \quad\Rightarrow\quad \text{o.k.}$$

:tiekhcilgöM nettird ruz gnunhcerleipsieB

$$\mathbf{r} = 20\,\gamma_0 + 42\,\gamma_1 = 22\,\gamma_1 + 20\,\gamma_2{}^2\,\gamma_2 \quad\Rightarrow\quad \alpha_r = \operatorname{arctanh}\left(\gamma_2{}^2\,\frac{v}{c}\right) = \operatorname{arctanh}\left(\gamma_2{}^2\,\frac{x}{ct}\right)$$

$$= \operatorname{arctanh}\frac{20}{22} = 1{,}5223$$

$$\mathbf{r}_{rot} = \frac{1}{4}\,(5\,\gamma_0 + 42\,\gamma_1) = \frac{37}{4}\,\gamma_1 + \frac{5}{4}\,\gamma_2{}^2\,\gamma_2 \quad\Rightarrow\quad \alpha_{r_{rot}} = \operatorname{arctanh}\frac{5}{37} = 0{,}1360$$

:netätidipaR reseid znereffiD

$$\alpha = \alpha_{r_{rot}} + \gamma_2{}^2\,\alpha_r = 0{,}1360 + \gamma_2{}^2\,1{,}5223 = 1{,}3863\,\gamma_2{}^2 \quad\Rightarrow\quad \text{o.k.}$$

.treitor lekniW neseid mu nedrew neshcanetanidrooK eid hcua dnU

:γ_1 eshcatieZ red noitatoR ehcsitsivitaleR

$$\mathbf{r} = \gamma_1 = 1\,\gamma_1 + 0\,\gamma_2 \quad\Rightarrow\quad ct = 1 \qquad x = 0$$

$$\Rightarrow\quad \alpha_r = \operatorname{arctanh}\left(\gamma_2{}^2\,\frac{x}{ct}\right) = \operatorname{arctanh} 0 = 0$$

$$\mathbf{r}_{rot} = \gamma_{1rot} = \frac{1}{8}\,(17\,\gamma_1 + 15\,\gamma_2) = \frac{17}{8}\,\gamma_1 + \frac{15}{8}\,\gamma_2 \quad\Rightarrow\quad ct = \frac{17}{8} \qquad x = \frac{15}{8}$$

$$\Rightarrow\quad \alpha_{r_{rot}} = \operatorname{arctanh}\left(\gamma_2{}^2\,\frac{15}{17}\right) = 1{,}3863\,\gamma_2{}^2$$

:netätidipaR reseid znereffiD

$$\alpha = \alpha_{r_{rot}} + \gamma_2{}^2\,\alpha_r = 1{,}3863\,\gamma_2{}^2 + \gamma_2{}^2\,0 = 1{,}3863\,\gamma_2{}^2 \quad\Rightarrow\quad \text{o.k.}$$

.γ2 eshcamuaR red noitatoR ehcsitsivitaler eid nun driw dnennapS
.nietsniE nov tleW nehcsitsivitaler red tfahcsnegiE ehcsitsatnahp enie tllühtne eiS

$$\mathbf{r} = \gamma_2 = 0\,\gamma_1 + 1\,\gamma_2 \qquad \Rightarrow \qquad c\,t = 0 \qquad x = 1$$

$$\Rightarrow \qquad \alpha_r = \operatorname{arctanh}\left(\gamma_2{}^2\,\frac{x}{c\,t}\right) = \operatorname{arctanh}\frac{1}{0} = {???}$$

.treinifed thcin hcsitamehtam tsi dnu thcin treitsixe sinbegrE niE

$$\mathbf{r}_{rot} = \gamma_{2rot} = \frac{1}{8}\,(15\,\gamma_1 + 17\,\gamma_2) = \frac{15}{8}\,\gamma_1 + \frac{17}{8}\,\gamma_2 \quad \Rightarrow \quad c\,t = \frac{15}{8} \qquad x = \frac{17}{8}$$

$$\Rightarrow \qquad \alpha_{r_{rot}} = \operatorname{arctanh}\left(\gamma_2{}^2\,\frac{17}{15}\right) = {???}$$

:osnebe reiH
.treinifed thcin hcsitamehtam tsi dnu thcin treitsixe sinbegrE niE

netlahre lekniwsnoitatoR nehcielg ned llarebü hcodej nessüm riW
.tnetsisnokni hcsigol eiroehtsätivitaleR eid eräw sllafnerednA
.nehcuatfua thcin reih frad lekniW retreinifed thcin niE

nenoitatorneshcA negitratiez dnu -muar nov negnunhceR red hcielgreV mieB
,nrefeil tatluserlekniW etkerrok sad etreW eid ssad ,fua tlläf
.nedrew thcsuatrev netanidrooK eid eshcA negitramuar red ieb nnew

.lhaW eredna eniek nebah riW !riw nehcam saD
lekniW rehcsitsivitaler gnunhcereB ruz nerotkeV regitramuar gnuztuN ieB
.netanidrooktieZ dnu -muaR nehcsuatrev

nehcnretseeS ednegeilf llenhcsthcilrebü ssad ,nut zu timad tah saD
.nessem dnu nerüps tieZ sla muaR ned
.[15] muaR sla nehcnretseeS ellenhcsthcilrebü nessem dnu nerüps tieZ eid dnU

,nenoydraT dnis nehcnretseeS ellenhcsthcilretnu dnu nehcsneM riW
.dnis [15] nenoyhcaT nehcnretseeS nellenhcsthcilrebü eid dnerhäw

.tieZ hcafnie tsi tieZ dnu muaR hcafnie muaR tsi nenoydraT snu ieB
muaR resnu driw nehcnretseeS rellenhcsthcilrebü tleW-nenoyhcaT red nI
.muaR-nenoyhcaT zu driw tieZ eresnu dnU .tieZ-nenoyhcaT ruz

eshcatieZ enie tsi eshcamuaR eniE :gnureglofssulhcS
.rethcaboeB ellenhcsthcilrebü rüf
.rethcaboeB ellenhcsthcilrebü rüf eshcamuaR enie tsi eshcatieZ enie dnU

nellenhcsthcilrebü erhi rethcaboeB ellenhcsthcilrebü nerüps blahseD
,netiekgidniwhcseG enegie run remmi nessem eiS .thcin netiekgidniwhcseG
.dnis thcsuatrev neshcA erhi ad ,dnis tiekgidniwhcsegthciL eid sla renielk eid

neseW rellenhcsthcilrebü thciS sua nenoyhcaT eid dnis nenoydraT riW
lamron znag hcis nelhüf neseW nellenhcsthcilrebü eseid dnU
,llenhcsthcilretnu hcilznäg dnu
.tsi tleW ellenhcsthcilretnu enie run hcafnie eis rüf tleW erhi liew

eshcamuaR nelanoydrat red noitatoR ehcsitsivitaleR   :oslA
eshcatieZ nelanoyhcat renie noitatoR ehcsitsivitaleR =

$$\mathbf{r} = \gamma_2 = 0\,\gamma_1 + 1\,\gamma_2 \qquad \Rightarrow \qquad c\,t = x_{super} = 0 \qquad x = c\,t_{super} = 1$$

$$\Rightarrow \qquad \alpha_r = \operatorname{arctanh}\left(\gamma_2{}^2\,\frac{x_{super}}{c\,t_{tsuper}}\right) = \operatorname{arctanh} 0 = 0$$

$$\mathbf{r}_{rot} = \gamma_{1rot} = \frac{1}{8}\,(17\,\gamma_1 + 15\,\gamma_2) = \frac{17}{8}\,\gamma_1 + \frac{15}{8}\,\gamma_2$$

$$\Rightarrow \qquad c\,t = x_{super} = \frac{17}{8} \qquad x = c\,t_{super} = \frac{15}{8}$$

$$\Rightarrow \qquad \alpha_{r_{rot}} = \operatorname{arctanh}\left(\gamma_2{}^2\,\frac{15}{17}\right) = 1{,}3863\,\gamma_2{}^2$$

:netätidipaR reseid znereffiD

$$\alpha = \alpha_{r_{rot}} + \gamma_2{}^2\,\alpha_r = 1{,}3863\,\gamma_2{}^2 + \gamma_2{}^2\,0 = 1{,}3863\,\gamma_2{}^2 \qquad \Rightarrow \qquad \text{o.k.}$$

negeweb [124 .S, 16] tiezmuaR red ni sträwties retfö snu netllos riw ,egarF enieK

:tetual gnureglofssulhcS ehcsihposolihp eid dnU

hcilgöm evitkepsreP negitratiez renie egaldnurG fua run dnis negnunhcereblekniW
.tztessuarov noitaterpretnitieZ ellenhcsthcilrebü enie evitkepsreP eseid nnew hcua –

tleW red gnureirutkurtS etreidnuf ehcsigol eneffahcseg snu nov eiD
.nredrof zu nesiewthciS ellenhcsthcilrebü tniehcs

esiewnihrutaretiL 16

ot gninraeL ,rehcaeT a ekiL gniknihT :skcaJ .M ymA ,llebA .K ardnaS [1]
:(.dE) llebA .K ardnaS :nI .margorP daorbA ydutS a ni hcaeT
,evitcepsreP lanoitanretnI nA :noitacudE rehcaeT eceneicS
,2000 thcerdroD ,notsoB ,kroY weN ,srehsilbuP cimedacA rewulK
.153 – 141 .S ,8 .paK

.thcin se tbig nelhaZ evitageN – Negative Zahlen gibt es nicht :nroH kirE nitraM [2]
978-3-7562-3808-8 :NBSI .2022 tdetsredroN ,dnameD no skooB – DoB   .
:gnuztesrebÜ ehcsilgnE
ton od srebmun evitageN – Negative Numbers Do Not Exist :nroH kirE nitraM
978-3-7562-5832-1 :NBSI .2022 tdetsredroN ,dnameD no skooB – DoB .tsixe

a tuoba secnecsinimeR :(.sdE) rengiW .P eneguE ,ulgonusruK .N marheB [3]
,noitide kcabrepap tsriF .cariD eciruaM neirdA luaP :tsicisyhp taerg
.1990 kroY weN ,egdirbmaC ,sserP ytisrevinU egdirbmaC

sed nebeL enegrobrev saD .hcsneM etsmastles reD :olemraF maharG [4]
.2018 nilreB ,galreV-regnirpS ,egalfuA .2.cariD luaP seinegnetnauQ
:gnussaflanigirO ehcsilgnE
,cariD luaP fo efiL neddiH ehT .naM tsegnartS ehT :olemraF maharG
.2009 nodnoL ,.dtL rebaF dna rebaF .suineG mutnauQ

,cariD luaP fo efiL neddiH ehT .naM tsegnartS ehT :olemraF maharG [5]
.2009 kroY weN ,puorG skooB suesreP / skooB cisaB .motA eht fo citsyM

etnemoM ehcsitehtsÄ .tseiB sad dnu enöhcS saD :rehcsiF reteP tsnrÄ [6]
.1997 nehcnüM ,galreV repiP .tfahcsnessiW red ni
:gnuztesrebÜ ehcsilgnE
ni tnemoM citehtseA ehT .tsaeB eht dna ytuaeB :rehcsiF reteP tsnrE
ecneicS regnirpS. ,noitide revocdrah eht fo tnirper revoctfoS .ecneicS
.1999 nilreB ,aideM ssenisuB +

dna scitehtseA .ytuaeB dna hturT :rahkesardnahC naynamharbuS [7]
,ogacihC ,sserP ogacihC fo ytisrevinU ehT .ecneicS ni snoitavitoM
.1987 nodnoL

.piznirpstätivitaleR saD :(.gsrH) resegarT gnagfloW [8]
.snietsniE eiroehtstätivitaleR ruz netiebralanigirO nov gnulmmaS eniE
.2018 nilreB, murtkepS regnirpS ,egalfuA .2

.ytivitaleR no srepaP s'ikswokniM .emiT dna ecapS :ikswokniM nnamreH [9]
.2012 cebeuQ ,laertnoM, sserP etutitsnI ikswokniM

eht fo weiV weN A .noitoM fo yrtemoeG lacitpO :bboR ruhtrA derflA [10]
.1911 egdirbmaC ,snoS & reffeH .W .ytivitaleR fo yroeht

.stsicisyhP rof arbeglA cirtemoeG :ybnesaL ynohtnA ,naroD sirhC [11]
.2003 egdirbmaC ,sserP ytisrevinU egdirbmaC

.euteh eiroehtstätivitaleR elleizepS :ikslefaR nnahoJ [12]
.2019 erutaN regnirpS / murtkepS regnirpS

hcubrheL :ztihcsfiL hcstiwoliahciM inegwE ,uadnaL hcstiwodiwaD weL [13]
,egalfuA .9 .eiroehtdleF ehcsissalK .II dnaB ,kisyhP nehcsiteroehT red
.1984 nilreB ,galreV-eimedakA
:gnussaF ehcsilgnE
fo esruoC :ztihsfiL hcivoliahkiM ynegvE ,uadnaL hcivodivaD weL
,noitidE .4 .sdleiF fo yroehT lacissalC ehT .II .loV ,scisyhP laciteroehT
.1987 grebledieH ,notsoB ,madretsmA ,nnamenieH htrowrettuB
,egalfuA .4 .hcubnehcsaT-kitamehtaM :hcsoB lraK [14]
.1993 neiW ,nehcnüM ,galreV gruobnedlO .R
.thgiL naht retsaF snoitoM dna ytivitaleR laicepS :dlognyaF sesoM [15]
.2002 miehnieW ,HCV-yeliW
.kisyhP nenredom red eirogellA eniE .dnalnetnauQ mi ecilA :eromliG treboR [16]
.1995 nedabseiW ,giewhcsnuarB ,tfahcsllesegsgalreV nhoS & geweiV .rdeirF

.thciltnefförev ellafnebe ezrüK ni driw shcuB seseid gnussaF ehcsilgne eiD
.nedrew negozeb ed.dob.www rebü redeiw nnad nnak eiS

.noos dehsilbup eb lliw koob siht fo noisrev hsilgnE ehT
.ed.dob.www ta niaga dnuof eb neht nac tI

ytivitaleR hsifratS

Starfish relativity
Negative numbers do not exist

Martin Erik Horn

ehcaS renegie ni siewniH

.sträwkcür hci ebierhcs rehcüB ehcnaM
.os hcafnie tztej tsi saD
,nerälkre thcin tztej edrew hci ,nien dnU
.ehcam sad hci muraw
:liev os ruN
,smusrevinU sed lieT meseid nI
eixalaglaripS reresnu refuälsuA nenegelegba ,nednetuedebnu meseid ni
,esieW dnu trA egithcir eid uaneg tknuptieZ meseid zu seid tsi
.nehcerps zu egniD eseid rebü